高职高专机械制造类专业系列教材

高速精密加工

——五轴加工中心编程项目实例教程

主　编　史清卫　赵　慧

副主编　王　称　卢　辉　李　啸

李　毅　李文军　杨丙超

西安电子科技大学出版社

内 容 简 介

本书以全国数控技能大赛加工中心操作调整工赛项学生组比赛为背景，内容涵盖多轴加工技术、多轴加工机床、多轴加工工艺等，详细介绍了数控编程和加工仿真软件 PowerMill 的操作方法。

全书共分为四个项目，每个项目均包含三个任务。内容编排遵循由浅入深、循序渐进的原则，在项目的设置上先基础后复杂，在任务的安排上先理论后应用。项目内容围绕基座、支架、端盖、叶轮等典型零件的编程加工训练展开，详细介绍了五轴加工技术的特点及应用、五轴加工机床、五轴加工工装夹具与刀具、五轴刀轴矢量控制、海德汉数控系统编程指令及多轴编程软件等。本书还提供了丰富的操作练习，包括 PowerMill 软件的编程与仿真操作等。

本书可作为高职院校、中职院校装备制造大类专业相关课程的教材，也可供机械相关从业人员参考使用。

图书在版编目（CIP）数据

高速精密加工 ：五轴加工中心编程项目实例教程 / 史清卫，赵慧主编. -- 西安 ：西安电子科技大学出版社，2025. 9. -- ISBN 978-7-5606-7728-6

Ⅰ. TG519.1

中国国家版本馆 CIP 数据核字第 2025DK9142 号

高速精密加工——五轴加工中心编程项目实例教程

GAOSU JINGMI JIAGONG——WUZHOU JIAGONGZHONGXIN

BIANCHENG XIANGMU SHILI JIAOCHENG

策 　 划	刘小莉　杨航斌
责任编辑	宁晓蓉
出版发行	西安电子科技大学出版社（西安市太白南路 2 号）
电 　 话	（029）88202421　88201467　　　邮　编　710071
网 　 址	www.xduph.com　　　　　　电子邮箱　xdupfxb001@163.com
经 　 销	新华书店
印刷单位	咸阳华盛印务有限责任公司
版 　 次	2025 年 9 月第 1 版　　　　　　2025 年 9 月第 1 次印刷
开 　 本	787 毫米×1092 毫米　1/16　　　印　张　16
字 　 数	376 千字
定 　 价	46.00 元

ISBN 978-7-5606-7728-6

XDUP 8029001-1

*** 如有印装问题可调换 ***

前　言

　　装备制造业是国家工业的基石，是不可或缺的战略性产业。它为新技术和新产品的开发提供了重要手段，也为现代工业生产提供了关键支持。近年来，随着我国国民经济的迅速发展和国防建设的推动，高档数控机床的市场需求急剧增加。机床是衡量一个国家制造业水平的重要标志，代表机床制造业最高水平的是五轴联动数控机床系统，从某种意义上说，它反映了一个国家的工业发展水平。五轴数控机床的市场需求正蓄势待发，其应用正向多行业延伸。与此同时，适应高、精、尖产品加工的五轴数控专业人才缺口日益凸显，亟待填补。

　　针对这种形势，职业教育中的五轴加工人才培养应该与时俱进，探索核心技术与教学的深度融合，以服务市场、支撑制造业转型升级为目标，为"大国智造"输送更多的高素质复合型技能人才。

　　本书精心设计项目案例，案例模型从基础到进阶再到复杂，编程加工从三轴到定向再到联动，层次分明又衔接紧密，理论知识与操作技能巧妙融合。

　　基于以上培养目标和教学理念，本书在内容设计上具有以下特点：

　　(1) 内容丰富。本书包含了多轴编程与仿真加工的基础知识和软件操作技能。

　　(2) 结构合理。本书精选项目案例，由浅入深地讲解知识与技能，从基础理论到实际应用，内容前后衔接紧密。

　　(3) 讲解详细，条理清晰。本书可帮助读者快速理解多轴加工的理论知识，掌握 CAM 软件的编程操作和加工仿真的方法。

　　(4) 贴近实际。本书采用软件的真实操作界面，并结合实际加工的工艺安排和参数设置进行讲解，使读者能够准确地将所学知识应用到实际加工场景。

　　(5) 思政入心入脑。本书结合项目内容设置思政课堂。思政内容故事性强，引导性强，能提升读者的学习兴趣。

　　(6) 数字资源丰富。为方便读者快速掌握软件操作，本书将所有案例文件及素材分门别类地提供给读者，方便大家对照练习，从而提高学习效率。读者可登录出版社网站的"资源中心"进行下载。

　　全书共分四个项目。史清卫编写项目一中的任务 1.1 和任务 1.2；王称编写项目一中的任务 1.3；赵慧编写项目二；卢辉编写项目三中的任务 3.1 和任务 3.2；李啸编写项目三中的任务 3.3；李文军编写项目四中的任务 4.1 和任务 4.2；杨丙超编写项目四中的任务 4.3；李毅负责全书的文字校对与数字资源制作。全书所有章节由赵慧负责统稿。

　　本书在编写过程中参照了有关文献，篇幅所限不能一一列举，在此对所有文献的作者表示感谢。

　　由于编者水平有限，书中难免存在不妥之处，敬请各位读者批评指正。

编　者

2025 年 1 月

目　录

项目一

基座铣削编程加工训练

学习目标

知识目标

(1) 了解五轴加工技术;

(2) 理解海德汉数控系统的基本指令;

(3) 掌握 PowerMill 软件常用策略的使用方法。

能力目标

(1) 能识别常见五轴加工机床的结构差异;

(2) 能掌握海德汉数控系统基本指令的应用;

(3) 能根据模型特征选择合适的加工编程策略;

(4) 能掌握 PowerMill 软件常用策略的操作流程;

(5) 能合理设置常用策略的加工参数;

(6) 能通过相应的后置处理文件生成数控加工程序,并运用机床加工零件。

素养目标

(1) 培养科学精神和科学态度;

(2) 培养规范操作的意识;

(3) 培养团队合作能力。

思维导图

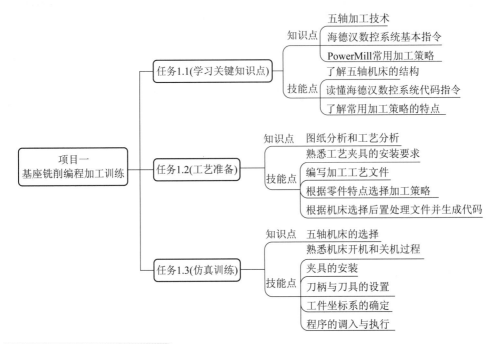

学习检测评分表

任务		目标要求与评分细则	分值	得分	备注
任务 1.1 (学习关键知识点)	知识点	① 了解五轴加工技术(4 分); ② 掌握海德汉数控系统的基本指令(4 分)	20		
	技能点	① 能识别常见五轴机床的结构及特点(4 分); ② 能掌握 PowerMill 软件编程的一般过程(4 分); ③ 能根据加工区域选择合适的加工策略(4 分)			
任务 1.2 (工艺准备)	知识点	五轴加工夹具的选择(5 分)	40		
	技能点	① 熟悉工艺夹具的安装要求(5 分); ② 能编写加工工艺文件(10 分); ③ 能根据基座模型编制粗加工程序(5 分); ④ 能根据基座模型编制精加工程序(5 分); ⑤ 能根据基座模型编制钻孔加工程序(5 分); ⑥ 能根据不同的机床选择相应的后置处理文件并将刀轨文件转换成机床执行代码(5 分)			
任务 1.3 (仿真训练)	知识点	五轴机床的选择(5 分)	40		
	技能点	① 熟悉机床开机和关机过程(5 分); ② 夹具的安装(10 分); ③ 刀柄与刀具的设置(10 分); ④ 工件坐标系的确定(5 分); ⑤ 程序的调入与执行(5 分)			

任务 1.1　多轴基础知识及常用编程软件

1.1.1　多轴加工技术介绍

在机械制造业中，自动化技术的应用极大地提高了生产效率和加工精度。机械自动化主要通过自动化设备和技术实现加工对象的连续自动生产，优化生产过程，加快生产物料的加工变换和流动速度。在计算机数字控制(Computer Numerical Control，CNC)技术应用以前，机床的发展经历了从单轴到多轴的演变。早期的四轴、五轴、六轴等机床被称为多轴机床。这类机床主要依靠凸轮机构实现工件的夹紧、松开等简单的机械运动，无法实现刀具或工件复杂运动的控制。它们只能重复一些简单的运动轨迹，仅适用于某种产品的大批量生产。

多轴加工，更准确地说是指多坐标联动加工。当前大多数控加工设备最多可以实现五坐标联动，这类设备的种类很多，结构类型和控制系统各不相同。数控加工技术作为现代机械制造技术的基础，极大地改变了机械制造的全过程。与传统加工技术相比，现代数控加工技术在加工工艺、过程控制、设备和工艺装备等方面均有显著不同。

我们熟悉的数控机床通常有 X、Y、Z 三个直线坐标轴，而多轴机床则至少具备第四轴。通常所说的多轴数控加工是指四轴及以上的数控加工，其中具有代表性的是五轴数控加工。多轴数控加工能同时控制四个以上坐标轴的联动，将数控铣、数控镗、数控钻等功能组合在一起。这种加工方式在一次装夹后，可以对工件的加工面进行铣、镗、钻等多工序加工，有效地避免了多次装夹造成的定位误差，能缩短生产周期，提高加工精度。模具制造技术的迅速发展，对加工中心的加工能力和加工效率提出了更高的要求，这也推动了多轴数控加工技术的快速发展。多轴数控加工的应用如图 1-1-1 所示。

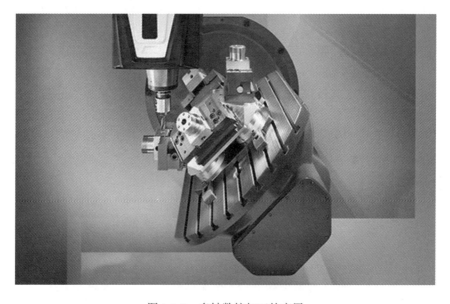

图 1-1-1　多轴数控加工的应用

根据国际标准化组织(International Organization for Standardization，ISO)的规定，在描述数控机床的运动时，采用右手直角坐标系。其中，平行于主轴的坐标轴定义为 Z 轴，绕 X、Y、Z 轴旋转运动的坐标轴分别定义为 A、B、C 轴。各坐标轴的运动可由工作台实现，也可以由刀具的运动来实现，但方向均以刀具相对于工件的运动方向来定义。

通常，五轴联动是指 X、Y、Z、A、B、C 中任意五个坐标的线性插补运动。根据需要，机床可能还具有除 X、Y、Z 三个直线轴和 A、B、C 三个旋转轴以外的附加轴。对于直线运动，把平行于 X、Y 和 Z 轴以外的第二组直线轴分别指定为 U、V 和 W 轴，如图 1-1-2 所示。X、Y 和 Z 坐标轴的相互关系用右手定则决定，如图 1-1-3 所示，图中大拇指的指向为 X 轴的正方向，食指指向为 Y 轴的正方向，中指指向为 Z 轴的正方向。旋转坐标轴 A、B 和 C 的方向根据右手螺旋定则确定；当大拇指指向 $+X$、$+Y$、$+Z$ 方向时，食指、中指等的指向分别为圆周进给运动的 $+A$、$+B$、$+C$ 方向。

图 1-1-2　坐标系

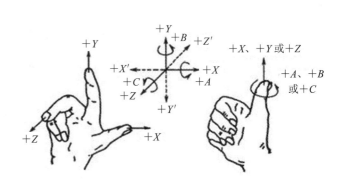

图 1-1-3　右手直角坐标系

数控机床的进给运动，有的由主轴带动刀具运动来实现，有的由工作台带动工件运动来实现。上述坐标轴的正方向，是假定工件不动、刀具相对于工件做进给运动的方向。如果工件移动，则用加 " $'$ " 的字母表示，其正方向恰好与刀具运动的正方向相反，即：$+X = -X'$，$+Y = -Y'$，$+Z = -Z'$，$+A = -A'$，$+B = -B'$，$+C = -C'$。同样，两者运动的负方向也彼此相反。机床坐标轴的方向取决于机床的类型和各组成部分的布局。

多轴加工与两轴、2.5 轴和三轴加工有本质的区别。通常来说，多轴加工是在两轴、2.5 轴和三轴的基础上增加了旋转坐标运动，这样，刀具刀轴的姿态在加工过程中不是固定不变的，而是根据加工的需要会随时或者实时发生变化。一般情况下，当数控加工增加了旋转运动以后，刀具轨迹的坐标位置计算就会变得更加复杂。根据多轴机床运动轴配置形式的不同，可以将多轴数控加工分为以下几种情况。

1. 四轴加工

四轴加工是指在三轴机床基础上增加一个旋转轴的加工形式(一般立式加工中心配置的是 X、Y、Z、A 轴，卧式加工中心配置的是 X、Y、Z、B 轴)。一般地，四轴加工又有以下四种情况：

(1) 四轴两联动：指一个线性坐标轴和一个旋转轴同时联合运动。

(2) 四轴三联动：指两个线性坐标轴和一个旋转轴同时联合运动。

(3) 3 + 1 轴加工：也称为四轴定位加工，是指在四轴机床上实现三个运动轴同时联合运动，另外一个运动轴做间歇运动。

(4) 四轴四联动：指三个线性坐标轴和一个旋转轴同时联合运动。

2. 五轴加工

五轴加工是指在三轴机床(X、Y、Z 轴)基础上增加了两个旋转轴，这两个旋转轴是 A 轴与 B 轴的组合、A 轴与 C 轴的组合，还是 B 轴与 C 轴的组合，需根据机床的结构来确定。一般五轴加工又有以下两种情况：

(1) 3＋2 轴加工：也称为五轴定位加工，指在五轴机床上两个旋转轴按要求摆动到规定的位置后固定，X、Y、Z 三个线性运动轴再同时联合运动。

(2) 五轴五联动：指三个线性坐标轴和两个旋转轴同时联合运动。

1.1.2　常见的五轴机床形式

一般来说，五轴机床可按加工方式和摆动机构进行分类。

按加工方式分类，五轴机床可分为两种：一种是五轴联动，即五个坐标轴同时联动加工；另一种是五轴定位加工(3＋2 模式)，实际上是五轴三联动，即两个旋转轴旋转定位，三个线性坐标轴同时联动加工，这种模式也被称为假五轴。

按摆动机构分类，五轴机床有以下几种形式。

1. 立式主轴双转台结构机床

传统三轴加工中心加上摇篮式工作台，就可以变成 3＋2 式的五轴联动加工中心。联动轴为 X 轴、Y 轴、Z 轴、A 轴和 C 轴，其中 Y 轴方向的 B 轴不旋转，如图 1-1-4 所示；或者联动轴为 X 轴、Y 轴、Z 轴、B 轴和 C 轴，其中 X 轴方向的 A 轴不旋转，如图 1-1-5 所示。这种结构的机床刀轴方向不动，主轴刚性好，但旋转工作台的工作面相对较小，能够安装夹持工件的类型非常有限，对工件的长度、宽度和重量都有一定的限制。此外，旋转工作台本身体积较大，占据了很大的工作范围，最大的旋转工作台甚至可占据 75% 以上的工作范围。因此，双转台结构机床不适合加工大型零件，更适合加工小型零件。

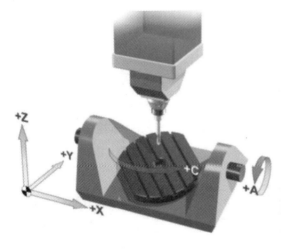
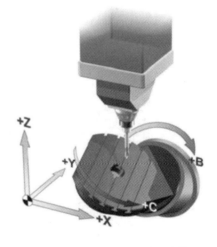

图 1-1-4　A、C 轴双转台结构　　　　　　　　图 1-1-5　B、C 轴双转台结构

2. 主轴双摆头结构机床

双摆头机床的摆头中间包含带有松拉刀结构的电主轴，因此自身的尺寸难以缩小，加上双摆头活动范围的需要，所以双摆头结构的五轴联动机床的加工范围不宜太小，而是越大越好，一般为龙门式或动梁龙门式结构。联动轴为 X 轴、Y 轴、Z 轴、A 轴和 C 轴，Y 轴方向的 B 轴不旋转，如图 1-1-6 所示。主轴双摆头还有一种形式是基于卧式加工中心结构的双摆头五轴联动，其联动轴为 X 轴、Y 轴、Z 轴、B 轴和 C 轴，X 轴方向的 A 轴不旋转，如图 1-1-7 所示。此类结构的主要特点是：工作台不作旋转运动，机床能加工的工件尺寸相对较大；主轴旋转灵活，适合加工各种形状和大小的零件；主轴刚性差，不能进行重切削。

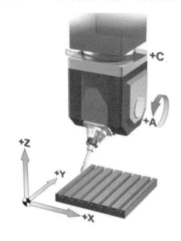

图 1-1-6　A、C 轴双摆头结构

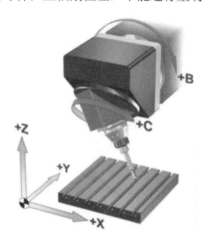

图 1-1-7　B、C 轴双摆头结构

3. 工作台与主轴摆动结构机床

工作台与主轴摆动结构机床综合了以下两种典型结构的特点。

结构一：工作台绕 A 轴摆动，主轴固定。联动轴为 X、Y、Z、A、C，其中 Y 轴方向的 B 轴不旋转，如图 1-1-8 所示。

结构二：工作台绕 B 轴摆动，工作台固定。联动轴为 X、Y、Z、B、C，其中 X 轴方向的 A 轴不旋转，如图 1-1-9 所示。

图 1-1-8　A、C 轴摆头＋转台结构

图 1-1-9　B、C 轴摆头＋转台结构

此类机床结构的特点：工作台可以旋转，能够装夹较大的工件；主轴可以摆动，能够灵活调整刀轴方向。

1.1.3 常见的多轴数控系统

1. 多轴加工对数控系统的要求

多轴联动机床对其数控系统提出了更高的要求，数控系统的结构更复杂，功能更丰富。概括来说，首先，数控系统必须至少支持五轴联动控制。其次，由于合成运动中有旋转运动的加入，插补运算的工作量增加了，旋转运动的微小误差也有可能被放大，从而大大影响了加工的精度，因此，要求数控系统具备较高的运算速度(即更短的单个程序段的处理时间)和精度。所有这些都意味着数控系统必须采用多核处理器或 RISC(精简指令集)芯片来提高处理能力。另外，五轴加工机床的机械配置有主轴倾斜方式、工作台倾斜方式和两者的混合式，数控系统也必须能满足不同配置的要求；最后，为了实现高速、高精度加工，数控系统还要具有前瞻(LookAhead)功能和较大的缓冲存储能力，以便在程序执行之前对运动数据进行提前运算、处理并进行多段缓冲存储，从而保证刀具高速运行时误差仍然较小。

下面对多轴联动数控机床数控系统必须具备的、与数控编程有紧密联系的几个典型功能作出详细说明。

1) 旋转刀具中心点(刀尖点跟随)功能

在高档五轴数控系统中，RTCP(Rotated Tool Center Point，旋转刀具中心点，即刀尖点跟随)是一种重要的功能。在五轴加工中，由于旋转运动的加入，刀尖点会产生附加运动，数控系统的控制点往往与刀尖点不重合，因此数控系统要自动修正控制点，以保证刀尖点按指令精确运动。业内也将此功能称为 TCPM(Tool Center Point Management，刀具中心点管理)、TCPC(Tool Center Point Control，刀具中心点控制)或 RPCP(Rotated Part Center Point，旋转工件中心点)。其实这些称呼的功能定义都与 RTCP 类似，RTCP 用于双摆头结构，是应用摆头旋转中心点来进行补偿，RPCP 则主要应用在双转台形式的机床上，补偿的是工件旋转所造成的直线轴坐标的变化。这些功能虽不同，但最终目标一致，都是为了保持刀具中心点和刀具与工件表面的实际接触点不变。RCTP 技术示意图如图 1-1-10 所示。

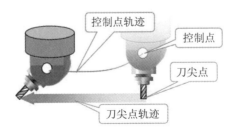

图 1-1-10　RTCP 技术示意图

拥有 RTCP 技术的机床(也就是国内所说的"真五轴机床")允许操作工不必把工件精确地和转台轴心线对齐，可以随便装夹，机床能自动补偿偏移，从而可大大减少辅助时间，同时提高加工精度。其后处理过程也比较简单，只要输出刀尖点坐标和矢量即可。

2) 三维刀具半径补偿功能

在轮廓加工过程中，由于刀具总有一定的半径，故刀具中心的运动轨迹与所需加工零件的实际轮廓并不重合。例如，在进行内轮廓加工时，刀具中心会偏移零件的内轮廓表面一个刀具半径的距离，这种偏移习惯上称为刀具半径补偿。普通三轴联动数控机床的刀具半径补偿功能为二维补偿，即在 XOY 平面上执行 X、Y 坐标偏置。高档多轴联动数控系统一般具备三维刀具半径补偿功能，当三维偏置方向确定后，刀具移动实现三维转换。

3) 倾斜面加工功能(定轴加工)

在对工件上的某个倾斜面进行钻孔或铣槽等加工时，若指定加工面为 XOY 平面，编程工作就会变得很简单。倾斜面加工命令可以实现这种指定方式，同时不需要指定刀具的方向，就可以让刀具自动垂直于倾斜面进行加工。这个功能使倾斜加工面上的编程工作变得很简单。

4) 用于五轴加工的手动进刀功能

通过手轮、JOG(点动)和增量进给功能，可以轻而易举地使刀具沿着斜面移动，或使刀具沿着斜面的法线方向移动，或者在保持刀尖位置的情况下改变刀具的移动方向。这些功能减轻了操作人员准备作业时的工作负担。

2. 典型多轴联动数控机床的数控系统

目前，市面上广泛应用于多轴联动数控机床的数控系统主要有以下几种。

1) HEIDENHAIN iTNC 530 数控系统

德国海德汉(HEIDENHAIN)公司在机床数控系统产品研发方面处于世界领先地位，其研发的 iTNC530 数控系统就是其具有代表性的产品之一。HEIDENHAIN iTNC 530 数控系统具有以下特色功能：

(1) 能够实现更短的程序段处理时间，轮廓加工精度更高。

(2) 具有优异的高速加工和五轴加工特性，可使加工速度、精度、表面质量达到很好的统一。

(3) 配备实时 3D 刀补、刀具中心点管理、倾斜和圆柱面加工功能。

(4) 支持 DXF 文件导入直接生成加工程序，使 CAD/CAM 与数控加工无缝集成。

(5) 系统中集成的 DCM(动态碰撞监控)功能，解决了多轴加工复杂的干涉碰撞检查问题；集成的 AFC(自适应进给控制)功能可减少加工时间，还能监控刀具状态、降低机床故障率。

(6) 具有友好的界面，采用面向车间的对话式编程方法，无需记忆 G 代码。利用清晰的提问和提示帮助用户输入加工程序，使编程更加直观便捷。

2) SINUMERIK 840D 数控系统

SINUMERIK 840D 是西门子公司于 20 世纪 90 年代推出的高性能数控系统。它保持了西门子前两代系统 SINUMERIK 880 和 840C 的三 CPU 结构：人机通信 CPU (MMC-CPU)、数字控制 CPU (NC-CPU)和可编程逻辑控制器 CPU (PLC-CPU)。三部分在功能上既相互分工，又互为支持。相比前几代系统，SINUMERIK 840D 具有以下几个特点：

(1) 数字化驱动。在 SINUMERIK 840D 中，数控和驱动的接口信号是数字量，通过驱动总线接口，连接各轴驱动模块。

(2) 可以实现五轴联动。SINUMERIK 840D 可以实现五轴的联动加工，任何三维空间曲面都能加工。

(3) 操作系统视窗化。SINUMERIK 840D 采用 Windows 作为操作平台，操作简单、灵活，易掌握。

(4) 具有远程诊断功能。如现场用 PC 适配器、MODEM 卡，通过电话线实现 SINUMERIK 840D 与异地 PC 通信，完成修改 PLC 程序和监控机床状态等远程诊断功能。

(5) 硬件高度集成化。SINUMERIK 840D 数控系统采用了大量超大规模集成电路，提高了硬件系统的可靠性。

(6) 内装大容量的 PLC 系统。SINUMERIK 840D 数控系统内装 PLC 最大可以提供 2048 点输入和 2048 点输出，而且采用了 PROFIBUS 现场总线和 MPI(多点接口)通信协议，大大减少了现场布线。

3) FANUC 31MA5 数控系统

日本 FANUC 公司自 20 世纪 50 年代末期生产数控系统以来，已开发出 40 多个系列的数控系统，具有高质量、高性能、全功能，适用于各种机床和生产机械的特点，在市场上有较大的占有率。FANUC 31MA5 数控系统是先进、复合、多轴、多通道的高端数控系统，是 FANUC 公司开发的功能最完善的数控系统代表作，以高性能、高稳定性及高效率著称。该系统具有以下特点：

(1) 大量采用模块化结构。这种结构易于拆装，各个控制板高度集成，使可靠性有很大提高，而且便于维修、更换。

(2) 提供大量丰富的 PMC(可编程机床控制器)信号和 PMC 功能指令。丰富的信号和编程指令便于用户编制机床侧 PMC 控制程序，而且增加了编程的灵活性。

(3) 具有很强的 DNC(分布式数控)功能。系统提供串行 RS-232-C 传输接口，使通用 PC 和机床之间的数据传输能方便、可靠地进行，从而可实现高速的 DNC 操作。

(4) 提供丰富的维修报警和诊断功能。FANUC 维修手册为用户提供了大量的报警信息，且以不同的类别进行分类。

(5) 具有丰富的五轴加工功能，包括 RTCP、三维刀具半径补偿、倾斜面加工、五轴手动进刀等功能。

(6) 具有丰富的高精度、高速加工功能，包括纳米插补、AI 纳米轮廓控制、AI 纳米高精度控制、加速度控制、NURBS 插补以及纳米平滑等功能。

(7) 具有高速、大容量、多通道 PMC。

4) 华中 HNC-848D 数控系统

华中数控具有自主知识产权的数控装置拥有高、中、低三个档次的系列产品。已有数十台套华中 8 型系列高档数控系统新产品与列入国家重大专项的高档数控机床配套应用，该产品的伺服驱动和主轴驱动装置具有自主知识产权，其性能指标达到国际先进水平。

HNC-848D 是全数字总线式高档数控装置，采用双 CPU 模块的上下位机结构，具有模块化、开放式体系结构，基于具有自主知识产权的 NCUC(NC Union of China Field Bus)工业现场总线技术。HNC-848D 具有多通道控制、五轴加工、高速、高精度、车铣复合、同

43

3

步控制等高档数控系统的功能，采用 15 英寸液晶显示屏。HNC-848D 主要应用于高速、高精度、多轴、多通道的立式或卧式加工中心，以及车铣复合、五轴龙门机床等。

5) 广州数控 GSK 25i 数控系统

广州数控拥有车床数控系统、钻床和铣床数控系统、加工中心数控系统、磨床数控系统等多领域的数控系统。其中，GSK 25i 是一款基于多 CPU 架构的中高档数控系统，采用高配置硬件平台，低功耗、免维护设计，能满足五轴联动、高速高精微小线段加工、复合加工等复杂运算及加工的要求，具有一体化机箱、高分辨显示器，体积小，连线少，安装连接简便。GSK 25i 数控系统具有以下特点：

(1) 双通道控制功能。该系统能同时控制两个通道进行车削加工，支持通道间等待、同步、混合、重叠控制。

(2) 高速、高精度加工。支持 1000 段程序前瞻，可实现插补前线加减速、插补前 S 型加减速、插补后 S 型加减速；加减速、加加速度控制可实现平滑进给；有多种在线轨迹光顺模式，能兼顾不同类型加工效率和表面质量。

(3) 高性能进给伺服系统。GSK 25i 是高动态响应伺服系统，电流环周期低于 100 μs；能自动识别电机，能自动调整伺服参数，具备陷波器和摩擦补偿功能；伺服电机采用 17 位高分辨绝对式编码器，可显著提高零件加工精度；采用绝对式编码器，不用每次开机回零点。

1.1.4　PowerMill 软件介绍

近年来，随着计算机和数控技术的飞速发展，CAD/CAM 已逐渐进入实用化阶段，广泛应用于航空航天、汽车、机械、模具制造、家电、玩具等行业。特别是数控机床的普遍使用，使得 CAD/CAM 技术成为企业实现高度自动化设计及加工的有效手段之一。CAD/CAM 系统的工作性能，既取决于硬件系统的好坏，又受到软件性能的制约。一款优秀的 CAD/CAM 软件系统能够显著提升编程效率，能够处理更复杂的加工任务，从而提高工作质量和生产效率。因此，选择合适的 CAD/CAM 软件是十分重要的。目前，市场上主流的 CAM 软件有 PowerMill、UG、Mastercam、Catia、Cimatron 和 CAXA 等。

1. PowerMill 软件的功能特点

PowerMill 是一款独立运行的世界领先的 CAM 系统，它可通过 IGES、VDA、STL 和多种不同的专用直接接口接收来自任何 CAD 系统的数据。PowerMill 功能强大，易学易用，可快速、准确地产生能最大限度发挥 CNC 机床生产效率的、无过切的粗加工和精加工刀具路径，确保生产出高质量的零件和工模具。PowerMill 功能齐备，适用于广泛的工业领域。PowerMill 计算速度极快，具备最新的五轴加工策略、高效初加工策略以及高速精加工策略，可生成最优的加工方案，确保最大限度地发挥机床潜能。

PowerMill 支持多种毛坯的可视化定义与编辑，同时也支持读入任意毛坯几何数据，可提高加工效率。PowerMill 支持包括球头刀、端铣刀、键槽铣刀、锥度端铣刀、圆角偏心端铣刀和刀尖圆角端铣刀在内的全部刀具类型，并可通过软件自带的刀具数据库进行管理，用户可通过该数据库寻找所需刀具，系统将自动根据刀具提供商的推荐值给出进给率和转速。用户也可根据车间的实际情况自定义刀具数据库。PowerMill 还提供了一套完整的刀具路径编辑工具，可对生成的刀具路径进行编辑、优化及仿真模拟，以提高机床的加工效率。

PowerMill 允许用户创建加工策略模板，这样可提高具有相似特征的零件的 CAM 编程效率。例如，许多公司通常会根据经验采用相同的加工策略来加工模具的型芯或型腔，在这种情况下，可以创建一个加工策略模板来规划这些操作，从而减少重复工作，提高 CAM 工作效率。

PowerMill 的树浏览器可以使用户快速浏览刀具路径、参考线和坐标系等刀具路径数据。用户可在树浏览器中自定义目录，例如创建粗加工、半精加工和精加工刀具路径等目录，并将相应的刀具路径置于其中，从而可方便刀具路径数据的管理，提高编程效率，减少错误产生。

总体而言，PowerMill 凭借其极快的计算速度和易学易用的特点，深受众多企业的青睐，并被广泛应用于多轴编程领域。

2．PowerMill 软件的基本操作

在使用 PowerMill 进行数控编程时，需要遵循一定的加工流程：

(1) 导入 CAD 模型：PowerMill 数控编程的第一步是导入 CAD 模型。PowerMill 能直接导入的模型文件的后缀名为 .dgk，其他格式的模型文件还需通过数据转换专用模块 Exchange 先转换为 *.dgk 文件，然后才能导入 PowerMill 软件。

(2) 计算或调入毛坯：根据模型特点选择毛坯的结构形状并定义毛坯的各种尺寸参数。

(3) 创建或调用刀具：在 PowerMill 中创建新刀具或调出刀具库中已定义好的刀具。

(4) 定义安全高度：根据零件和工件的形状定义刀具在加工时的安全高度。

(5) 定义刀具路径起始点和结束点：刀具的起始点一般选择在毛坯中心点，结束点要根据零件的形状确定。

(6) 定义进给率：定义本次铣削加工工序所用的进给率。

(7) 定义加工策略及参数：根据加工对象的特点选择合适的刀具路径策略，设定相关加工参数并计算刀具路径。该项设置是 PowerMill 编程的核心。

(8) 刀具路径校验：主要是针对形状或结构复杂的模型，先让系统自动计算出刀具的准确伸出长度，然后依据当前的刀长、加工位置情况、被加工材料、切削余量等信息来综合校验程序进给速度、转速等参数设置是否准确合理。另外，可以通过仿真加工来直观查看或分析刀具路径轨迹的切削情况，判断其是否合理等。

(9) 产生 NC 程序：利用后处理模块 DuctPost 将刀具路径转换成 CNC 机床数控系统能识别并读取的 NC 数据。

任务 1.2　基座零件工艺准备

1.2.1　基座零件图纸分析

根据图 1-2-1 所示，通过图纸标题栏可以确定该零件的名称，确定零件材料为 6061 铝合金，确定图纸的绘图比例，确定设计和审核人员的姓名与日期。

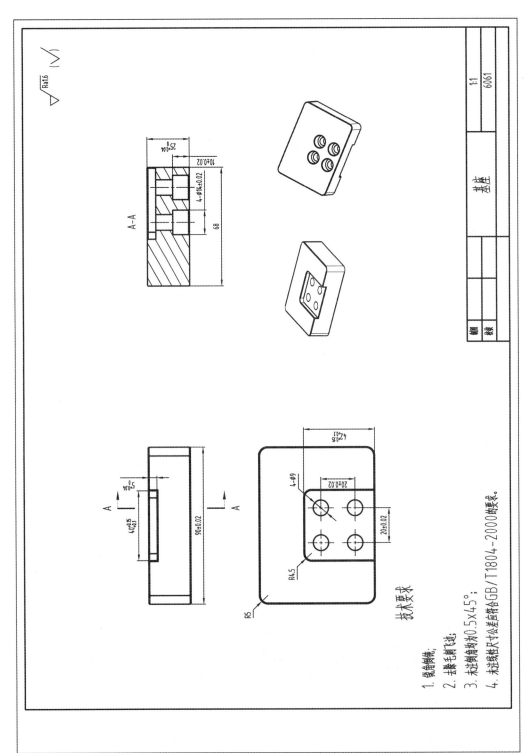

技术要求

1. 氮化钛涂层;
2. 去除毛刺;
3. 未注倒角为0.5×45°;
4. 未注线性尺寸公差符合GB/T1804—2000的要求。

图 1-2-1　基座工程图(教学用图)

通过图纸中的主视图和俯视图，可以看出基座整体结构为方形，形状特征较为简单，长、宽、高外形尺寸为 90 mm × 68 mm × 25 mm，长宽公差为±0.02，高度公差的上偏差为+0.04，下偏差为 0。一面上有四个阶梯孔，底孔直径为 9，是通孔，沉头孔直径和公差分别为 12、±0.02，深度为 10，公差为±0.02。另一面上有一个开放型型腔，型腔尺寸为 40 mm × 42 mm，公差上偏差为+0.15，下偏差为+0.1。

通过图纸中的技术要求可以知道，零件的未标注线性尺寸公差应符合 GB/T 1804—2000 的要求，未注倒角均为 0.5 × 45°，零件的全部表面粗糙度值 $Ra = 1.6$ μm。

1.2.2　基座零件工艺分析

1. 制定基座数控加工工艺

1) 零件结构分析

图纸中零件的加工内容比较简单，通过正反两次装夹，采用三轴铣削和钻削，完全可以实现加工。在实际生产中，这种零件的加工一般安排在三轴加工中心设备上进行。本项目内容属于学习五轴加工的入门知识，所以也使用五轴加工中心完成此基座零件的加工。

2) 毛坯选用

零件毛坯材料使用 95 mm × 75 mm × 30 mm 6061 铝合金。

3) 设计夹具与确定编程坐标系

根据零件毛坯的结构、规格和零件特征，选用通用夹具精密平口钳进行装夹，如图 1-2-2 所示。

编程坐标系 X 和 Y 方向的零点可以设置在毛坯上面中心，Z 方向的零点设置在毛坯上面−1 mm 的位置，如图 1-2-3 所示。

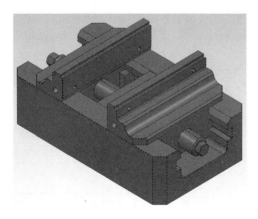

图 1-2-2　精密平口钳　　　　　　　　图 1-2-3　装夹及编程坐标系示意图

2. 编制加工工序卡

根据前面的分析分别填写表 1-2-1(机械加工工艺过程卡片)、表 1-2-2(机械加工工序卡片)和表 1-2-3、表 1-2-4(基座五轴加工程序单)。

表 1-2-1 机械加工工艺过程卡片

单位：mm

机械加工 工艺过程卡片		产品型号	20220718	零部件序号		第 1 页	
		产品名称	基座	零部件名称		共 1 页	
材料牌号	6061	毛坯规格	95 mm × 75 mm × 30 mm	毛坯重量	kg	数量	1
工序号	工序名	工 序 内 容	工段	工 艺 装 备		工 时	
						准结	单件
5	备料	95 mm × 75 mm × 30 mm	外购	锯床			
10	上面铣加工	铣削上面基准面，铣削外形至设计尺寸，钻削四个 $\phi9$ 底孔，铣削四个 $\phi12$ 的沉头孔，对加工表面进行机倒角处理	铣	五轴加工中心、游标卡尺、外径千分尺			
15	下面铣加工	铣削下面基准面，保证零件高度尺寸，铣削开放型型腔至设计尺寸，对加工表面进行机倒角	铣	五轴加工中心、游标卡尺、外径千分尺			
20	去毛刺	清理零件毛刺和锐角倒钝	钳				
25	检验	检测零件尺寸和几何公差	检	CMM(坐标测量仪)、蓝光比对测量仪			

表 1-2-2　机械加工工序卡片

单位：mm

机械加工工序卡片	产品型号	20220718	零部件序号		第 1 页
	产品名称	基座	零部件名称		共 2 页

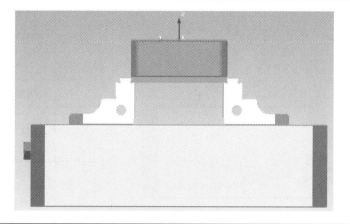

	工　序　号	10
	工　序　名	上面铣加工
	材　　料	6061
	设　　备	五轴加工中心
	设备型号	
	夹　具	平口钳
	量　具	游标卡尺
		外径千分尺

工步	工 步 内 容	刀　具	主轴转速 S/ (r/min)	进给速度 F/ (mm/r)	切削深度 a_p/ mm	工步工时 机动	工步工时 辅助
1	铣削上面基准	ϕ12 立铣刀	2500	2000	0.5		
2	外形粗加工	ϕ12 立铣刀	2500	2000	0.5		
3	外形精加工	ϕ8 立铣刀	2800	1000	4		
4	ϕ9 底孔定心	ϕ6 定心钻	3000	100	1		
5	钻削 ϕ9 底孔	ϕ9 钻头	700	100	3		
6	铣削 ϕ12 沉头孔	ϕ8 立铣刀	2800	1000	4		
7	机倒角	ϕ6 定心钻	3000	300	1		

续表

机械加工工序卡片	产品型号	20220718	零部件序号		第 2 页
	产品名称	基座	零部件名称		共 2 页

工 序 号	15
工 序 名	下面铣加工
材 料	6061
设 备	五轴加工中心
设备型号	
夹 具	平口钳
量 具	游标卡尺
	外径千分尺

工步	工 步 内 容	刀 具	主轴转速 S/ (r/min)	进给速度 F/ (mm/r)	切削深度 a_p/ mm	工步工时 机动	工步工时 辅助
1	铣削下面	ϕ12 立铣刀	2500	2000	0.5		
2	型腔粗加工	ϕ12 立铣刀	2500	2000	0.5		
3	型腔精加工	ϕ8 立铣刀	2800	1000	4		
4	机倒角	ϕ6 定心钻	3000	300	1		
5							
6							
7							

表 1-2-3 基座五轴加工程序单

单位：mm

零件号		编程员		图档路径		机床操作员		机床号	
客户名称		材料	6061	工序号	10	工序名称	上面铣加工	日期	年 月 日

序号	加工内容	程 序 名 称	刀具号	刀具类型	刀具参数	主轴转速/(r/min)	进给速度/(mm/r)	余量(X、Y、Z方向)/mm	装夹刀长/mm	加工时间	备注
1	铣削上面基准	1T1EM12-J-01	T1	立铣刀	ϕ12	2500	2000	0/0	30		
2	外形粗加工	2T1EM12-C-01	T1	立铣刀	ϕ12	2500	2000	0.2/0	30		
3	外形精加工	3T2EM8-J-01	T2	立铣刀	ϕ8	2800	1000	0/0	30		
4	ϕ9 底孔定心	4T3NC6-J-01	T3	定心钻	ϕ6	3000	100	0/0	30		
5	钻削ϕ9 底孔	5T4NC9-J-01	T4	钻头	ϕ9	700	100	0/0	30		
6	铣削ϕ12 沉头孔	6T2 EM8-J-01	T2	立铣刀	ϕ8	2800	1000	0/0	30		
7	机倒角	7T3NC6-J-01	T3	定心钻	ϕ6	3000	300	0/0	30		
8											
9											
10											

Z 方向	毛坯上表面下移 1 mm	毛坯尺寸	95 mm × 75 mm × 30 mm
		装夹方式	精密平口钳
		五轴加工中心操作确认	
		1	工件摆放和程序对上了吗？
		2	工件夹紧了吗？找正了吗？
		3	分中检查了吗？寻边器杠杆表好用吗？
X、Y 方向	毛坯中心	4	坐标系、输入数据确认了吗？
		5	对刀、刀号、输入数据确认了吗？
		6	刀具直径、长度、安全高度确认了吗？
		7	加工程序确认了吗？
		8	加工前使用 HuiMaiTech 仿真加工了吗？
		9	加工前试切削了吗？

表 1-2-4   基座五轴加工程序单   单位：mm

零件号		编程员			图档路径		机床操作员		机床号	
客户名称		材料	6061	工序号	15	工序名称	上面铣加工	日期	年 月 日	
序号	加工内容	程序名称	刀具号	刀具类型	刀具参数	主轴转速/(r/min)	进给速度/(mm/r)	余量(X、Y、Z方向)/mm	装夹刀长/mm	加工时间	备注
1	铣削下面	8T1EM12-J-01	T1	立铣刀	φ12	2500	2000	0/0	30		
2	型腔粗加工	9T1EM12-C-01	T1	立铣刀	φ12	2500	2000	0.2/0.1	30		
3	型腔精加工	10T2EM8-J-01	T2	立铣刀	φ8	2800	1000	0/0	30		
4	机倒角	11T3NC6-J-01	T3	定心钻	φ6	3000	100	0/0	30		
5											
6											
7											
8											
9											
10											

	毛坯尺寸	95 mm × 75 mm × 30 mm	
Z方向	上面加工后的基准面	装夹方式	精密平口钳
		五轴加工中心操作确认	
		1	工件摆放和程序对上了吗？
		2	工件夹紧了吗？找正了吗？
		3	分中检查了吗？寻边器杠杆表好用吗？
X、Y方向	上面中心	4	坐标系、输入数据确认了吗？
		5	对刀、刀号、输入数据确认了吗？
		6	刀具直径、长度、安全高度确认了吗？
		7	加工程序确认了吗？
		8	加工前使用 HuiMaiTech 仿真加工了吗？
		9	加工前试切削了吗？

1.2.3　基座零件程序编制

1．模型输入

1）基座零件模型输入

单击 PowerMill 下拉菜单"文件"→"输入模型"图标，弹出如图 1-2-4 所示的"输入模型"对话框，在"文件类型(T)"下拉列表中选择"所有文件"，选择并打开模型文件"基座.psmodel"。然后单击用户界面最右边"查看"工具栏中的"ISO1"图标，接着单击"查看"工具栏中的"平面阴影"图标，查看基座数字模型。

图 1-2-4　"输入模型"对话框

2）夹具模型输入

单击下拉菜单"文件"→"夹持"图标，弹出如图 1-2-5 所示的"输入夹持模型"对话框，在此对话框内选择并打开夹具模型文件"平口钳.dgk"。然后单击用户界面最右边"查看"工具栏中"ISO1"图标，接着单击"查看"工具栏中的"多色阴影"图标，即生成平口钳数字模型。

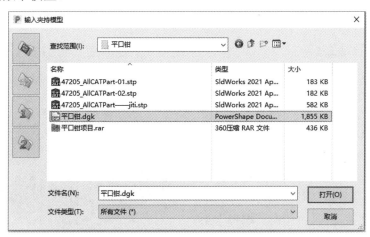

图 1-2-5　"输入夹持模型"对话框

双击 PowerMill 资源管理器中"工作平面"下的"G54"用户坐标系,将名称修改为"G54-上"。然后单击鼠标右键,选择"激活"选项。激活后的"G54-上"用户坐标系之前将产生一个大于符号,指示灯变亮,同时用户界面中"G54-上"用户坐标系将以红色显示。接着点击资源管理器中"平口钳"前的灯泡图标,使其变为灰色,关闭夹具的显示。

2. 毛坯定义

单击用户界面上部"开始"工具栏中"毛坯"图标,弹出如图 1-2-6 所示"毛坯"对话框。按图 1-2-6 所示参数进行设置,接着单击"计算",绘图区变为如图 1-2-7 所示。最后单击"毛坯"对话框中的"接受"按钮。

图 1-2- 6 "毛坯"设置对话框   图 1-2-7 "计算"之后的毛坯显示

3. 工作平面建立

右击 PowerMill 资源管理器中"工作平面",选择"创建工作平面",在用户界面产生工作平面"1",如图 1-2-8 所示。单击"编辑"工具栏下的名称,将名称修改为"G54-下",单击"编辑"中"Z 轴方向"图标,如图 1-2-9 所示,弹出"方向"对话框,将"K"方向的值从"1.0"修改为"-1.0",单击对话框中的"接受",再单击"编辑"工具栏下"完成"中的"接受"。

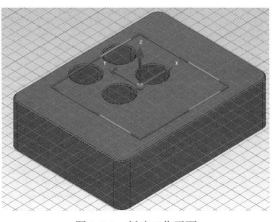

图 1-2-8 新建工作平面

图 1-2-9 Z 轴方向设置

4. 刀具定义

由表 1-2-2 机械加工工序卡片中得知，加工此基座模型共需要 4 把刀具，刀具具体几何参数见表 1-2-5。

表 1-2-5 刀具几何参数 单位：mm

序号	刀具类型	名称	编号	刀尖						刀柄			夹持			伸出
				几何形状						尺寸			尺寸			
				直径	长度	刀尖半径	锥度	锥高	锥形直径	顶部直径	底部直径	长度	顶部直径	底部直径	长度	
1	立铣刀	T1-EM12	1	12	30					12	12	40	27	27	80	35
2	立铣刀	T2-EM8	2	8	30					8	8	40	27	27	80	35
3	定心钻	T3-NC6	3	6	15					6	6	40	27	27	80	35
4	钻头	T4-NC9	4	9	40					9	9	40	27	27	80	40

如图 1-2-10 所示，右击用户界面左边 PowerMill 资源管理器中的"刀具"，依次选择"创建刀具"→"端铣刀"选项，弹出如图 1-2-11 所示的"端铣刀"对话框。

在此对话框中进行如下设置：

❑ "名称"改为"T1EM12"。

❑ "直径"设置为"12.0"。

❑ "长度"设置为"30.0"。

❑ "刀具编号"设置为"1"。

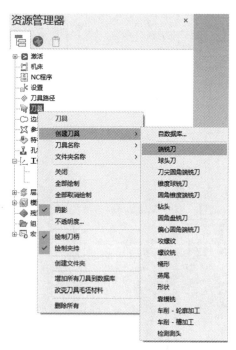

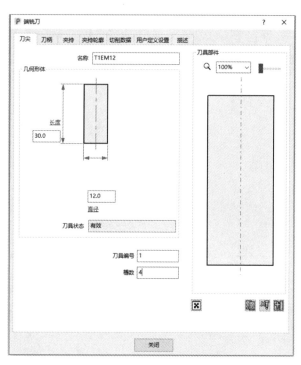

图 1-2-10　刀具选择　　　　　　　　　图 1-2-11　"端铣刀"对话框

设置完毕之后，单击"端铣刀"对话框中的"刀柄"选项卡，弹出的界面如图 1-2-12 所示。单击此对话框中"增加刀柄部件"图标 🔧，并在弹出的对话框中进行如下设置：

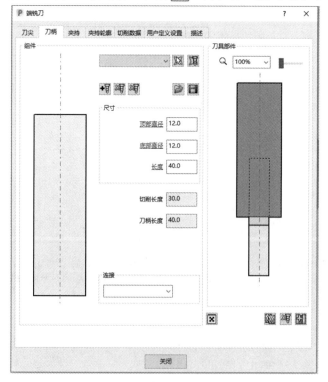

图 1-2-12　"端铣刀"刀柄的设置

- "顶部直径"设置为"12.0"。
- "底部直径"设置为"12.0"。
- "长度"设置为"40.0"。

单击"端铣刀"对话框中的"夹持"选项卡，弹出的界面如图 1-2-13 所示。单击此对话框中"增加夹持部件"图标，并在弹出的对话框中进行如下设置：

- "顶部直径"设置为"27.0"。
- "底部直径"设置为"27.0"。
- "长度"设置为"80.0"。
- "伸出"设置为"35.0"。

参照上述操作过程，按表 1-2-5 所示参数创建其余刀具。设置完成后的 PowerMill 资源管理器如图 1-2-14 所示。

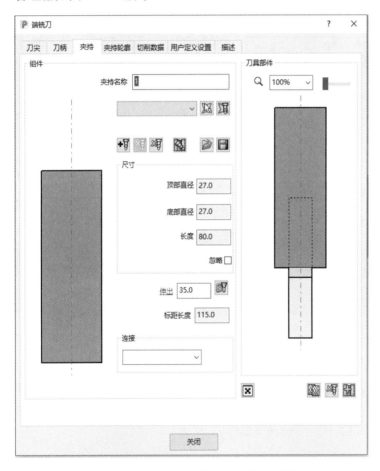

图 1-2-13　"端铣刀"夹持的设置

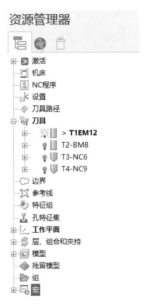

图 1-2-14　PowerMill 资源管理器

5. 进给率设置

右击用户界面左边 PowerMill 资源管理器中"刀具"标签内的"T1EM12"，选择"激活"，使得在"T1EM12"左边出现">"符号，这表明"T1EM12"刀具处于被激活状态。

单击用户界面上部"开始"工具栏中的"进给率"图标，弹出如图 1-2-15 所示的"进给和转速"对话框。在此对话框中进行如下设置：

- ❑ "主轴转速"设置为"2500.0"。
- ❑ "切削进给率"设置为"2000.0"。
- ❑ "下切进给率"设置为"500.0"。
- ❑ "掠过进给率"设置为"6000.0"。

设置完成之后，单击"应用"按钮，就完成了"T1EM12"刀具进给率的设置。使用同样的方法按表 1-2-3 所示参数设置其他刀具的进给率。

图 1-2-15 "进给和转速"对话框

6. 快进高度设置

单击用户界面上部"开始"工具栏中"刀具路径设置栏"中的"刀具路径连接"图标 刀具路径连接，弹出如图 1-2-16 所示的"刀具路径连接"对话框，在"安全区域"选项卡的"类型"下拉列表中选择"平面"，"工作平面"下拉列表中选择"G54"用户坐标系，"快进高度"设置为"25.0"，"下切高度"设置为"20.0"，"快进间隙"设置为"5.0"，"下切间隙"设置为"0.5"。然后在此对话框中单击"接受"按钮，就完成了快进高度的设置。

图 1-2-16　"刀具路径连接"对话框

7．加工开始点和结束点的设置

在"刀具路径连接"对话框中，单击"开始点和结束点"选项卡，弹出的界面如图 1-2-17 所示。在此对话框"开始点"选项区中的"使用"下拉列表中选择"第一点安全高度"，"结束点"选项区中的"使用"下拉列表中选择"最后一点安全高度"，设置参数如图中所示。最后单击"接受"按钮，就完成了加工开始点和结束点的设置。

图 1-2-17　开始点和结束点的设置

8. 创建刀具路径

1) 创建铣削上面基准刀具路径

单击用户界面上部"开始"工具栏中的"刀具路径策略"图标，弹出如图 1-2-18 所示的"策略选择器"对话框。

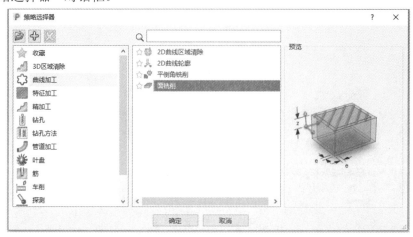

图 1-2-18　"策略选择器"对话框

在"策略选择器"对话框中单击"曲线加工"标签，然后选择"面铣削"选项，单击"确定"按钮后将弹出如图 1-2-19 所示的"面铣削"对话框。在此对话框中进行如下设置：

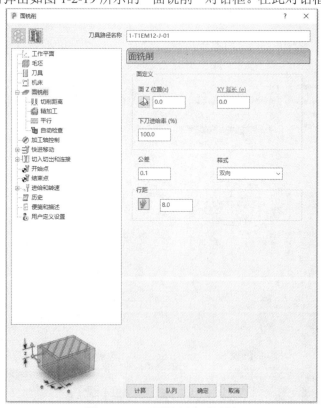

图 1-2-19　"面铣削"对话框

- ❑ "刀具路径名称"改为"1-T1EM12-J-01"。
- ❑ "工作平面"下拉列表中选择"G54-上"。
- ❑ "刀具"下拉列表中选择"T1-EM12"。

单击 ⫴切削距离 标签，在"切削距离"对话框中进行如下设置：

- ❑ "毛坯深度"设置为"1.0"。
- ❑ "下切步距"设置为"0.5"。

单击 快进移动 标签，弹出"快进移动"对话框，如图 1-2-20 所示，在该对话框中进行如下设置：

- ❑ "类型"下拉列表中选择"平面"。
- ❑ "工作平面"下拉列表中选择"刀具路径工作平面"。
- ❑ "快进间隙"设置为"10.0"。
- ❑ "下切间隙"设置为"5.0"。

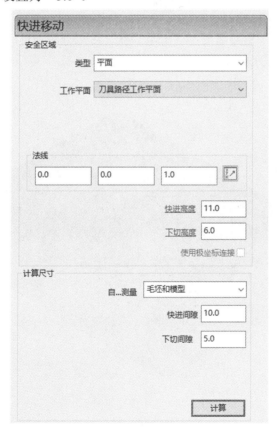

图 1-2-20　"快进移动"对话框

点击"快进移动"对话框中的"计算"，就完成了快进移动参数的设置。

"面铣削"对话框的其余参数默认，设置完毕之后单击"计算"按钮。刀具路径生成之后，单击"关闭"按钮，接着单击用户界面最右边"查看"工具栏中的"ISO1"图标 ⬡ ，"1-T1EM12-J-01"粗加工刀具路径示意图如图 1-2-21 所示。

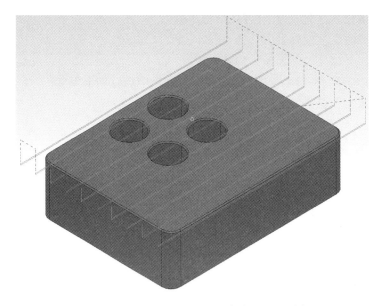

图 1-2-21 "1-T1EM12-J-01"粗加工刀具路径

2) 创建外形粗加工刀具路径

按住 Shift 键，选中模型的侧面外形，如图 1-2-22 所示。

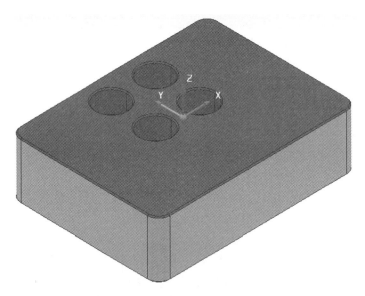

图 1-2-22 选中模型的侧面外形

右击 PowerMill 资源管理器中的"参考线"标签，选择"创建参考线"，即可在"参考线"下新建参考线 1。选中参考线 1，然后右击鼠标，如图 1-2-23 所示，依次选择"插入"→"模型"，得到如图 1-2-24 所示的参考线，选中下层的参考线并右击鼠标，在扩展菜单中选择"编辑"→"删除已选组件"，删除下层参考线，只保留上层的参考线。

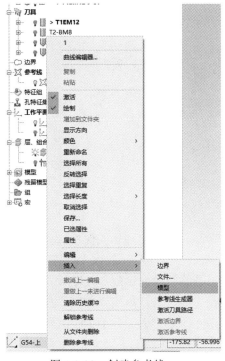

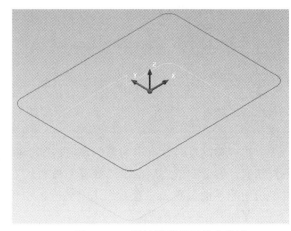

图 1-2-23 创建参考线　　　　　　　　　　　图 1-2-24 通过模型得到的参考线

通过"策略选择器"对话框，选择并打开"曲线轮廓"对话框，如图 1-2-25 所示。

图 1-2-25 "曲线轮廓"对话框

在"曲线轮廓"对话框中进行如下设置：

- ❑ "刀具路径名称"改为"2-T1EM12-C-01"。
- ❑ "刀具"下拉列表中选择"T1EM12"。

单击 ⫿⫿ 切削距离 标签，在"切削距离"对话框中进行如下设置：

- ❑ "毛坯深度"设置为"25.5"。
- ❑ "下切步距"设置为"5.0"。

单击 ⫿⫿ 切入切出和连接 标签，在"切入"对话框中进行如下设置：
　　 ⫿⫿ 切入

- ❑ "第一选择"设置为"水平圆弧"。
- ❑ "角度"设置为"90.0"。
- ❑ "半径"设置为"3.0"。

点击"切入"对话框界面下方"切出和切入相同" 🔄 ，使切出和切入保持相同的参数设置。

"快进移动"对话框中的参数参照铣削上面基准刀具路径"面铣削"策略设置，其余参数默认，设置完毕之后单击"计算"按钮。刀具路径生成之后，单击"关闭"按钮，接着单击用户界面最右边"查看"工具栏中的"ISO1"图标 ⬡ ，"2-T1EM12-C-01"刀具路径示意图如图 1-2-26 所示。

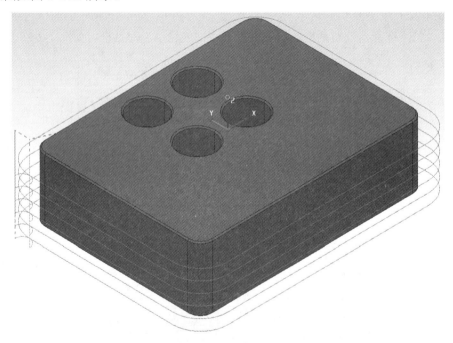

图 1-2-26　"2-T1EM12-C-01"刀具路径示意图

3) 创建外形精加工刀具路径

参照创建外形粗加工刀具路径的过程，修改如下参数，创建外形精加工刀具路径。

- ❑ "刀具路径名称"改为"3T2EM8-J-01"。
- ❑ "刀具"下拉列表中选择"T2EM8"。

❑ "曲线轮廓"界面中"公差"设置为"0.01","余量"设置为"0.0"。

生成如图 1-2-27 所示"3T2EM8-J-01"刀具路径示意图。

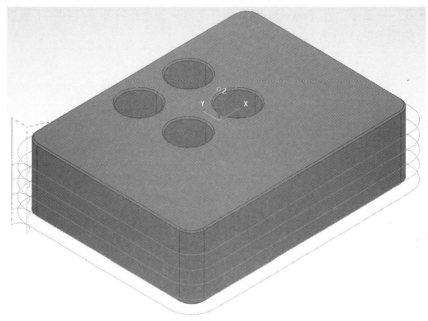

图 1-2-27 "3T2EM8-J-01"刀具路径示意图

4) 创建 $\phi 9$ 底孔定心加工刀具路径

按住 Shift 键，选中模型的四个沉头孔，如图 1-2-28 所示。

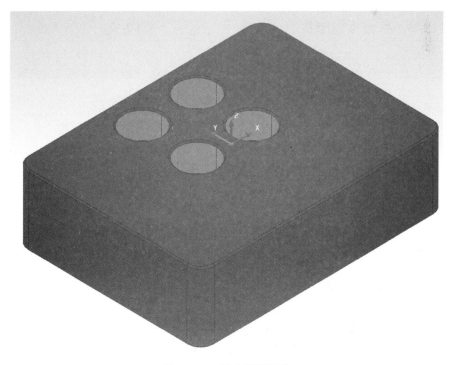

图 1-2-28 选中模型的孔

　　右击 PowerMill 资源管理器中的"孔特征集"标签，选择"创建孔"，弹出"创建孔"对话框，如图 1-2-29 所示，点击"应用"，得到如图 1-2-30 所示的孔特征，点击"关闭"关闭"创建孔"对话框。在 PowerMill 资源管理器中的"孔特征集"标签下可以看到创建的孔特征，如图 1-2-31 所示。

图 1-2-29　"创建孔"对话框

图 1-2-30　孔特征模型

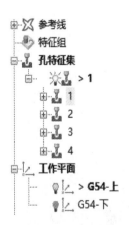

图 1-2-31　孔特征

　　在"策略选择器"对话框中选择并打开"钻孔"策略，在图 1-2-32 所示的"钻孔"对话框中进行如下设置：

　　❑　"刀具路径名称"改为"4T3NC6-J-01"。

　　❑　"孔"特征集下拉列表中选择"1"。

　　❑　"刀具"下拉列表中选择"T3-NC6"。

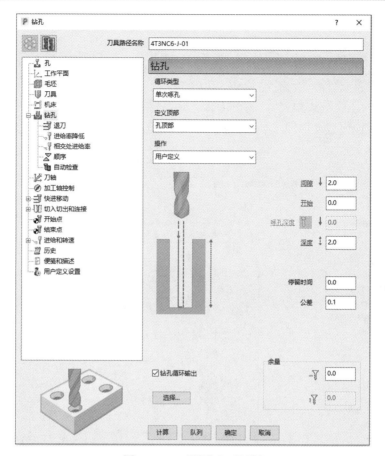

图 1-2-32　"钻孔"对话框

　　"快进移动"对话框中的参数参照铣削上面基准刀具路径"面铣削"策略设置，其余参数默认，设置完毕之后单击"计算"按钮。刀具路径生成之后，单击"关闭"按钮，接着单击用户界面最右边"查看"工具栏中的"ISO1"图标 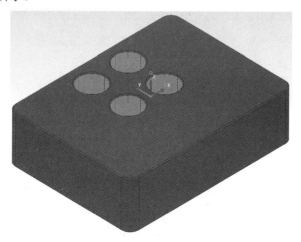，"4T3NC6-J-01"刀具路径示意图如图 1-2-33 所示。

图 1-2-33　"4T3NC6-J-01"刀具路径示意图

5) 创建 ϕ9 底孔加工刀具路径

参照创建 ϕ9 底孔定心加工刀具路径的过程,修改如下参数,创建 ϕ9 底孔加工刀具路径。

- ☐ "刀具路径名称" 改为 "5T4NC9-J-01"。
- ☐ "刀具" 下拉列表中选择 "T4NC9"。

"钻孔" 界面设置参照图 1-2-34。

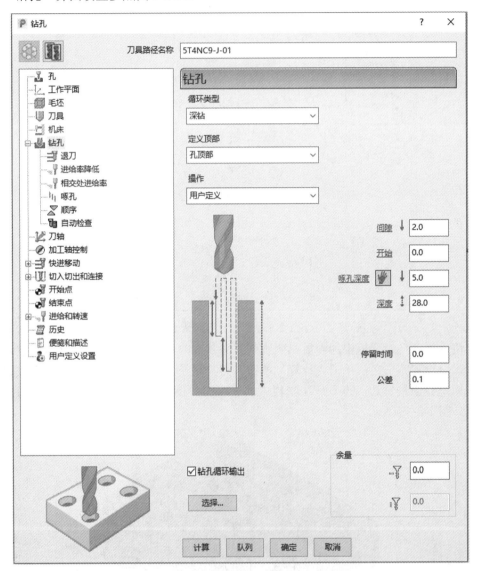

图 1-2-34 "钻孔" 策略对话框

"快进移动" 对话框中的参数参照铣削上面基准刀具路径 "面铣削" 策略设置,其余参数默认,设置完毕之后单击 "计算" 按钮。刀具路径生成之后,单击 "关闭" 按钮,接着单击用户界面最右边 "查看" 工具栏中的 "ISO1" 图标 ,"5T4NC9-J-01" 刀具路径示意图如图 1-2-35 所示。

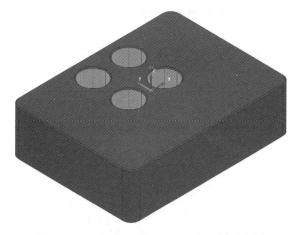

图 1-2-35 "5T4NC9-J-01" 刀具路径示意图

6) 创建 $\phi 12$ 沉头孔加工刀具路径

参照创建 $\phi 9$ 底孔定心加工刀具路径的过程，修改如下参数，创建 $\phi 12$ 沉头孔加工刀具路径。

❑ "刀具路径名称" 改为 "6T2EM8-J-01"。

❑ "刀具" 下拉列表中选择 "T2EM8"。

"钻孔" 界面设置参照图 1-2-36。

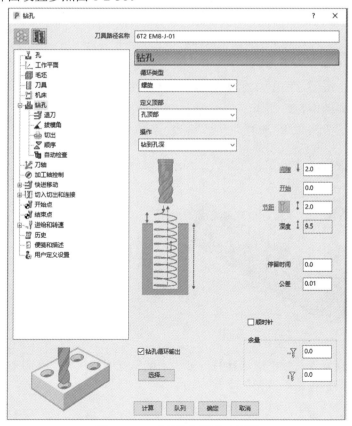

图 1-2-36 "钻孔" 策略对话框

"快进移动"对话框中的参数参照铣削上面基准刀具路径"面铣削"策略设置,其余参数默认,设置完毕之后单击"计算"按钮。刀具路径生成之后,单击"关闭"按钮,接着单击用户界面最右边"查看"工具栏中的"ISO1"图标 ,"6T2EM8-J-01"刀具路径示意图如图 1-2-37 所示。

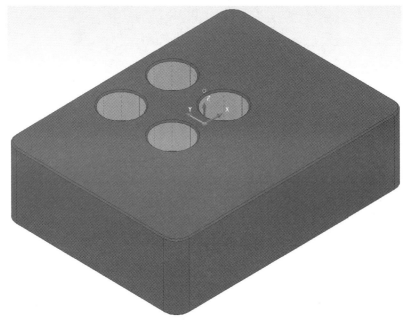

图 1-2-37 "6T2EM8-J-01"刀具路径示意图

7) 创建机倒角加工刀具路径

选中模型的上表面,如图 1-2-38 所示,参照生成参考线"1"的步骤,生成用于倒角的参考线"2",如图 1-2-39 所示。

 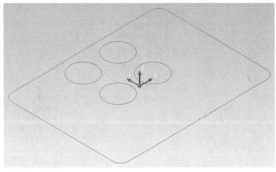

图 1-2-38 选中模型的上表面 　　　　　　图 1-2-39 倒角参考线

在"策略选择器"对话框中选择并打开"平倒角铣削"策略,在图 1-2-40 所示的"平倒角铣削"对话框进行如下设置:

- ❑ "刀具路径名称"改为"7T3NC6-J-01"。
- ❑ "刀具"下拉列表中选择"T3NC6"。

图 1-2-40　"平倒角铣削"策略对话框

单击 ⸤ᴗ 切削距离 标签，在"切削距离"对话框中进行如下设置：

❑ "毛坯深度"设置为"0.5"。

❑ "下切步距"设置为"0.5"。

"快进移动"对话框中的参数参照铣削上面基准刀具路径"面铣削"策略设置，其余参数默认，设置完毕之后单击"计算"按钮。刀具路径生成之后，单击"关闭"按钮，接着单击用户界面最右边"查看"工具栏中的"ISO1"图标 ▧，"7T3NC6-J-01"刀具路径示意图如图 1-2-41 所示。

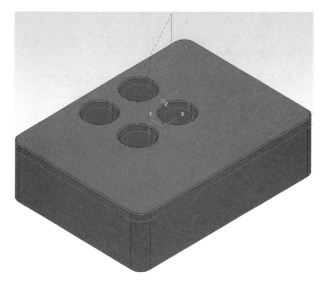

图 1-2-41　"7T3NC6-J-01"刀具路径示意图

8) 创建铣削下面加工刀具路径

点开 PowerMill 资源管理器中的"工作平面",激活"G54-下"工作平面。

参照创建铣削上面基准刀具路径的过程,修改如下参数,创建铣削下面加工刀具路径。

❑ "刀具路径名称"改为"8T1EM12-J-01"。

❑ "刀具"下拉列表中选择"T1EM12"。

"面铣削"界面设置参照图 1-2-42。

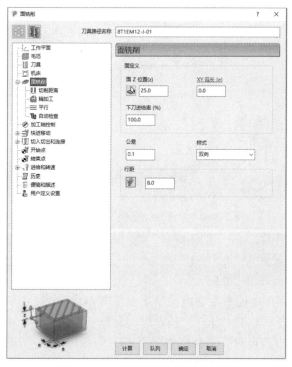

图 1-2-42　"面铣削"策略对话框

单击 |--|| 切削距离 标签，在"切削距离"对话框中进行如下设置：

❑ "毛坯深度"设置为"4.0"。

❑ "下切步距"设置为"2.0"。

单击 🔩 精加工 标签，在"精加工"对话框中进行如下设置：

❑ 勾选"底面最终精加工"。

❑ "最后下切步距"设置为"0.5"。

"快进移动"对话框中的参数参照铣削上面基准刀具路径"面铣削"策略设置，其余参数默认，设置完成之后单击"计算"按钮。刀具路径生成之后，单击"关闭"按钮，接着单击用户界面最右边"查看"工具栏中的"ISO1"图标 🔷，"8T1EM12-J-01"刀具路径示意图如图 1-2-43 所示。

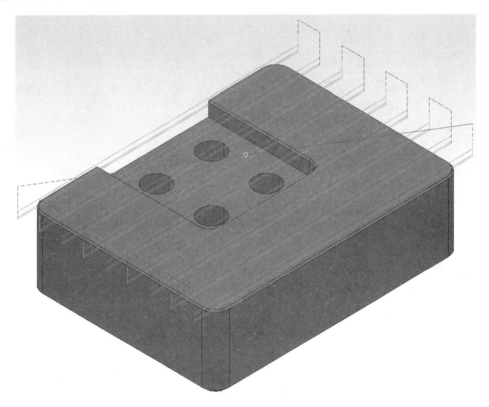

图 1-2-43　"8T1EM12-J-01"刀具路径示意图

9) 创建型腔粗加工刀具路径

点击右侧工具栏的模型实体图标 ◣，关闭模型显示，点击模型线框图标 ⊞，打开模型的线框显示。

右击 PowerMill 资源管理器中的"边界"，依次选择"创建边界"→"用户定义"，打开"用户定义边界"对话框，如图 1-2-44 所示。取消"允许边界专用"前面的对钩，单击"绘制"图标，进入边界绘制界面，如图 1-2-45 所示，单击"矩形"命令绘制图示的边界，单击上方的"接受"，回到"用户定义边界"对话框，单击"接受"，完成边界线"1"的创建。

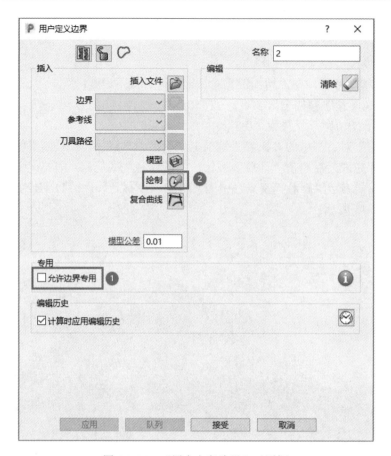

图 1-2-44 "用户定义边界"对话框

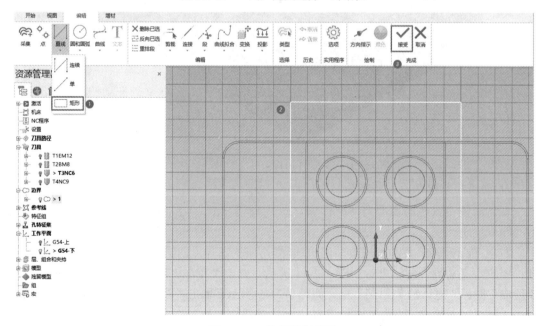

图 1-2-45 边界绘制界面

在"策略选择器"对话框中选择并打开"模型区域清除"策略，在图 1-2-46 所示的"模型区域清除"对话框中进行如下设置：

❑ "刀具路径名称"改为"9T1EM12-C-01"。

❑ "工作平面"下拉列表中选择"G54-下"。

❑ "毛坯"标签中，点击"计算"。

❑ "刀具"下拉列表中选择"T1EM12"。

❑ "剪裁"标签中的"边界"下拉列表中选择"1"。

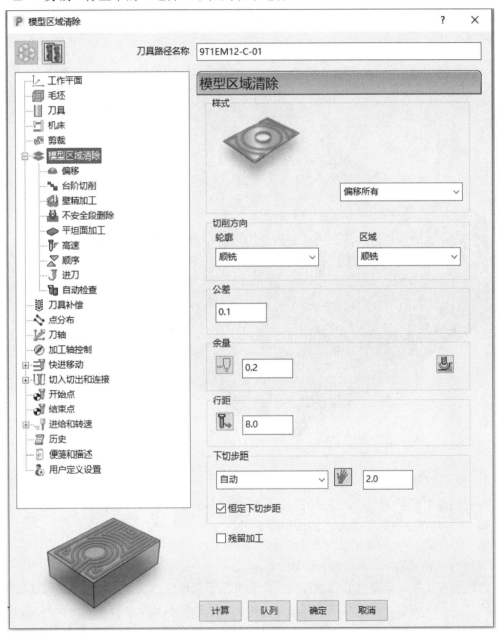

图 1-2-46 "模型区域清除"策略对话框

单击 切入切出和连接 标签，在"切入"对话框中设置如下参数：

❑ "第一选择"选择为"斜向"。

❑ 点击斜向设置 ◇。

❑ "最大左斜角"设置为"5.0"。

❑ "高度"设置为"3.0"。

"快进移动"对话框中的参数参照铣削上面基准刀具路径"面铣削"策略设置，其余参数默认，设置完毕之后单击"计算"按钮。刀具路径生成之后，单击"关闭"按钮，接着单击用户界面最右边"查看"工具栏中的"ISO1"图标 ⬡，"9T1EM12-C-01"刀具路径示意图如图 1-2-47 所示。

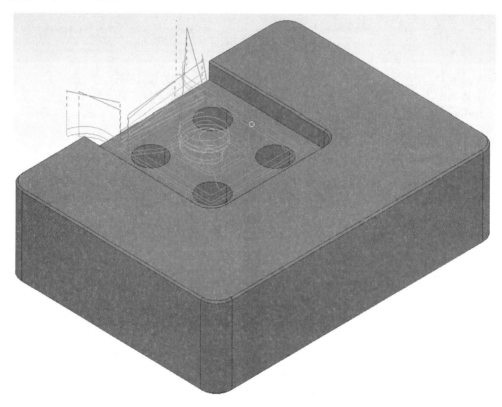

图 1-2-47　　"9T1EM12-C-01"刀具路径示意图

10) 创建型腔精加工刀具路径

参照创建型腔粗加工刀具路径的过程，修改如下参数，创建型腔精加工刀具路径。

❑ "刀具路径名称"改为"10T2EM8-J-01"。

❑ "刀具"下拉列表中选择"T2EM8"。

"模型区域清除"界面设置参照图 1-2-48。

"快进移动"对话框中的参数参照"面铣削"策略设置，其余参数默认，设置完毕之后单击"计算"按钮。刀具路径生成之后，单击"关闭"按钮，接着单击用户界面最右边"查看"工具栏中的"ISO1"图标 ⬡，"10T2EM8-J-01"刀具路径示意图如图 1-2-49 所示。

图 1-2-48　"模型区域清除"策略对话框

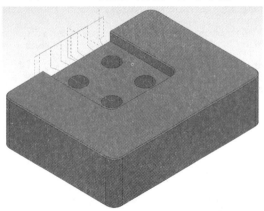

图 1-2-49　"10T2EM8-J-01"刀具路径示意图

11) 创建机倒角加工刀具路径

选中模型的下表面,如图 1-2-50 所示,参照生成倒角参数线"2"的步骤,生成用于倒角的参考线"3",如图 1-2-51 所示。

图 1-2-50　选中模型的下表面　　　　　　　图 1-2-51　倒角参考线"3"

参照创建倒角加工刀具路径的过程，修改如下参数，创建本工序机倒角加工刀具路径。

❑ "刀具路径名称"改为"11T3NC6-J-01"。

❑ "刀具"下拉列表中选择"T3NC6"。

"平倒角铣削"界面设置参照图 1-2-52。

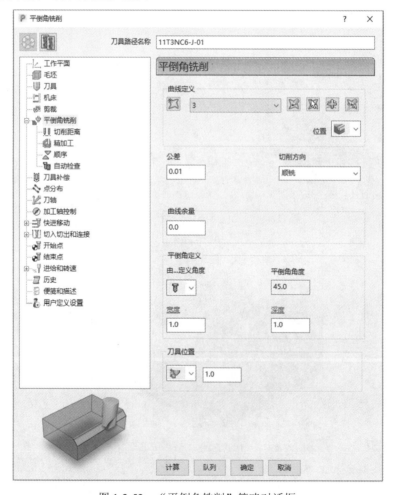

图 1-2-52　"平倒角铣削"策略对话框

选择 ┅‖ **切削距离** 标签，在"切削距离"对话框中设置如下参数：

❑ "毛坯深度"设置为"0.5"。

❑ "下切步距"设置为"0.5"。

"快进移动"对话框中的参数参照铣削上表面基准"面铣削"策略设置，其余参数默认，设置完毕之后单击"计算"按钮。刀具路径生成之后，单击"关闭"按钮，接着单击用户界面最右边"查看"工具栏中的"ISO1"图标 ⬡，"11T3NC6-J-01"刀具路径示意图如图 1-2-53 所示。

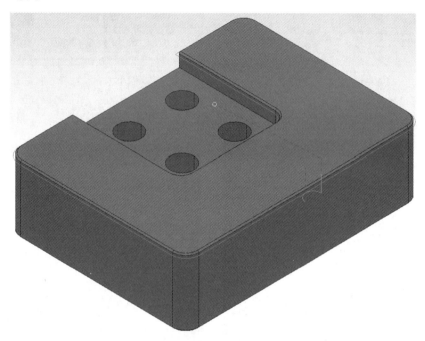

图 1-2-53 "11T3NC6-J-01"刀具路径示意图

1.2.4 基座铣削加工程序检查及后处理

1. 基座铣削加工程序检查

1）仿真前的准备

在菜单栏上直接选择"仿真"工具栏，如图 1-2-54 所示。

图 1-2-54 仿真工具栏

2）刀具路径仿真

将鼠标移至 PowerMill 资源管理器中"刀具路径"下的"1T1EM12-J-01"，单击鼠标右键，选择"激活"选项，再一次单击鼠标右键，选择"自开始仿真"选项。

接着单击"仿真"工具栏中"ViewMill 中的""开/关 ViewMill"图标 ◉，将打开"ViewMill"

工具栏，如图 1-2-55 所示。然后选择"模式"中的"固定方向"，如图 1-2-56 所示。这时绘图区进入仿真界面，如图 1-2-57 所示。

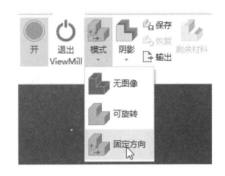

图 1-2-55　"ViewMill"工具栏　　　　　　　图 1-2-56　选择"固定方向"

单击"仿真"工具栏中的"运行"图标，执行"1T1EM12-J-01"刀具路径的仿真，仿真结果如图 1-2-58 所示。

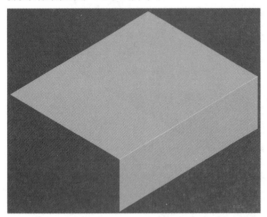

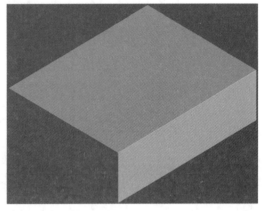

图 1-2-57　仿真界面　　　　　　　图 1-2-58　"1T1EM12-J-01"刀具路径仿真

依据上述仿真方法，分别仿真其他刀具路径，其仿真结果如图 1-2-59～图 1-2-68 所示。

图 1-2-59　"2T1EM12-C-01"刀具路径仿真　　　　　　　图 1-2-60　"3T2EM8-J-01"刀具路径仿真

图 1-2-61　"4T3NC6-J-01"刀具路径仿真

图 1-2-62　"5T4NC9-J-01"刀具路径仿真

图 1-2-63　"6T2EM8-J-01"刀具路径仿真

图 1-2-64　"7T3NC6-J-01"刀具路径仿真

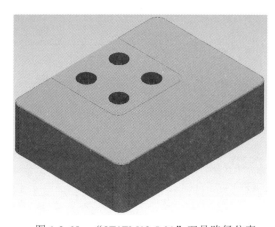

图 1-2-65　"8T1EM12-J-01"刀具路径仿真

图 1-2-66　"9T1EM12-C-01"刀具路径仿真

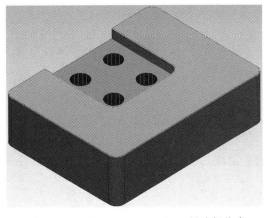

图 1-2-67 "10T2EM8-J-01"刀具路径仿真

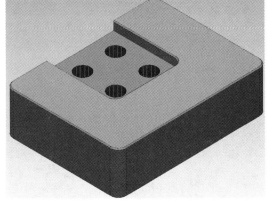

图 1-2-68 "11T3NC6-J-01"刀具路径仿真

3) 退出仿真

单击"仿真"工具栏中 "ViewMill"中的"退出 ViewMill"图标 ⚙，将打开"PowerMill 查询"对话框，如图 1-2-69 所示。然后单击"是(Y)"按钮，退出加工仿真。

2. 基座铣削加工程序后处理

如图 1-2-70 所示，将鼠标移至 PowerMill 资源管理器中的"NC 程序"，单击鼠标右键，选择"首选项"选项，将弹出如图 1-2-71 所示的"NC 首选项"对话框。

图 1-2-69 退出加工仿真

图 1-2-70 NC 首选项

图 1-2-71 "NC 首选项"对话框

在此对话框中单击"输出文件夹"右边的"浏览选取输出目录"图标 📁，选择路径 E:\NC(此文件夹必须存在)，接着单击"机床选项文件"右边的"浏览选取读取文件"图标，将弹出如图 1-2-72 所示的"选择选项文件"对话框，在此对话框中单击"浏览本地选项文件"图标，再次弹出如图 1-2-73 所示的"选择选项文件"对话框，接着选择要使用的机床后置文件。

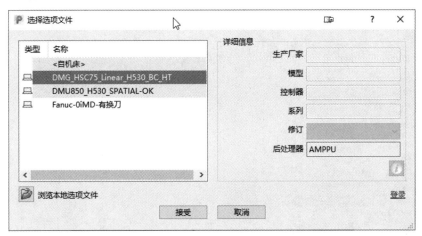

图 1-2-72　"选择选项文件"对话框(1)

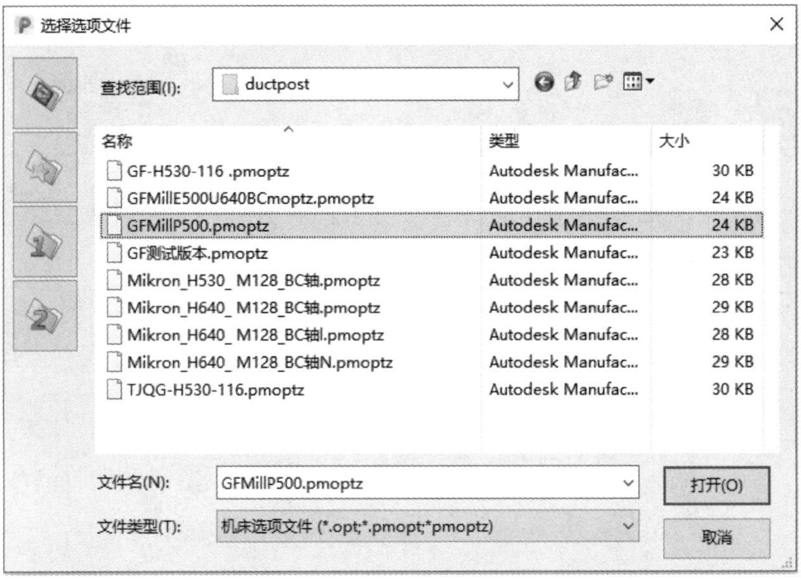

图 1-2-73　"选择选项文件"对话框(2)

在图 1-2-73 中选择"GFMillP500.pmoptz"文件并"打开"，单击"接受"。最后单击"NC 首选项"对话框中"输出工作平面"的下拉菜单，选择"G54-上"，然后单击"关闭"按钮。

接着将鼠标移至刀具路径"1T1EM12-J-01"，单击鼠标右键，选择"创建独立的 NC 程序"选项，然后对其余刀具路径进行同样的操作。

最后将鼠标移至"NC 程序"，单击鼠标右键，选择"写入所有"选项，如图 1-2-74 所示，程序自动运行产生 NC 代码，如图 1-2-75 所示。完成之后在文件夹 E:\NC 下将产生 11 个 tap 格式的文件。可以通过记事本分别打开这 11 个文件，查看 NC 数控代码。

图 1-2-74　写入 NC 程序　　　　图 1-2-75　PowerMill 资源管理器——NC 程序浏览

3. 保存加工项目

单击用户界面上部菜单"文件"→"保存",弹出如图 1-2-76 所示的"保存项目为"对话框,在"保存在"文本框中选择路径 D:\TEMP\基座,然后单击"保存"按钮。

图 1-2-76　"保存项目为"对话框

此时可以看到在文件夹 D:\TEMP 下将保存项目文件"基座"。项目文件的图标为 ，其功能类似于文件夹,在此项目的子路径中保存了这个项目的信息,包括毛坯信息、刀具信息和刀具路径信息等。

1.3.1 机床操作准备

1. 打开软件

双击惠脉多轴仿真软件图标 ，弹出惠脉多轴仿真软件初始界面，如图 1-3-1 所示。

图 1-3-1　惠脉多轴仿真软件初始界面

2. 新建工程文件

打开"文件"菜单，单击"新建"命令，弹出"选择机床"对话框，如图 1-3-2 所示。此操作选择使用的机床和控制系统。

序号	机床	控制系统
1	AVL650e	FanucOiMF
2	AVL650e_HNC818	HNC818M
3	DMU50-ECO_5X	Sinumerik840D
4	DMU50-ECO_5X	ITNC530
5	DMU60monoBlock	Heidenhain530
6	GKGS200	HNC-848
7	GMI-W200-AC	LYNUC
8	HNC818-700L	HNC818M
9	HuiMaiTech_160	LYNUC
10	MIKRON_500U	Heidenhain530
11	T-V1165S	Sinumerik840D
12	T2xS400E	HNC818T
13	VM1150S_Fanuc	FanucOiMF
14	VM1150S_fanuc...	FanucOiMF
15	VM1150S_Fanu...	FanucOiMF

图 1-3-2　机床及控制器选择对话框

3. 机床初始化

将 MIKRON-500U 五轴机床调入软件工作区，控制系统为 Heidenhain530 系统，单击继电器上的 上电，再单击"CE"键 ，完成机床初始化操作。仿真机床界面如图 1-3-3 所示。

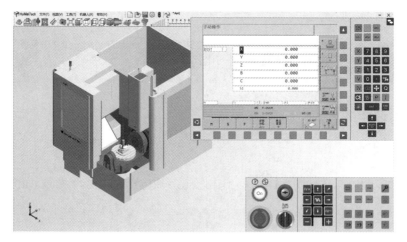

图 1-3-3　仿真机床界面

4．第一次装夹设置毛坯和夹具

单击菜单栏上的"设置毛坯"图标 ⬚，选择"方形毛坯"，如图 1-3-4 所示。

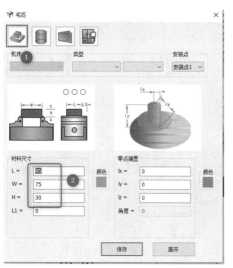

图 1-3-4　毛坯及夹具加载

1.3.2　刀具准备

1．设置刀具

单击菜单栏上的"设置刀具"图标 ⬚，弹出"机床刀具"对话框，如图 1-3-5 所示。

创建加工用刀具：T1-ϕ12 mm(伸 115 mm)，右击刀具号码"T1"，单击"设定"，弹出"刀具选择"对话框，选择"立铣刀"选项，单击选择"立铣刀12.0"，单击"确定"关闭"刀具选择"对话框。单击"编辑"按钮，修改相应参数后单击"保存"，其他刀具设置方法参照上述操作。

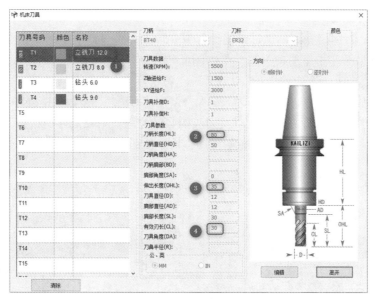

图 1-3-5　刀具库创建对话框

2. 建立刀具长度

在刀具库中定义好相应刀具之后，单击"手动操作"按钮，单击 下方按钮，可进入刀具信息参数表，再单击 下方按钮，切换到"开启"模式，对刀具信息参数表进行编辑修改。以 1 号刀为例，单击功能栏 图标，查看 1 号刀具信息中"HL"和"OHL"这两个参数，相加就是理论刀长，将此刀长值输入到刀具表 1 号的 L 值，如图 1-3-6 所示。

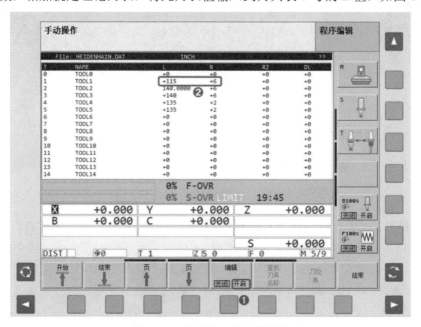

图 1-3-6　控制器刀具参数设置

3．刀长自动测量

单击 MDI 方式按键 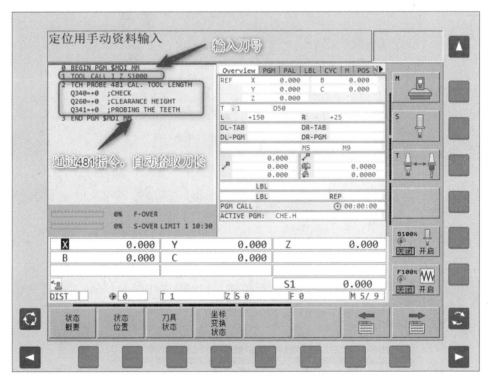，通过手工编程方式输入刀长自动测量循环指令，首先单击按键 ，调出测量循环指令选项列表，单击图标 下方按键 ，自动输入测量循环 481，连续单击按键 ，设置参数值为默认，单击按键 ，将光标移动到第一行，然后单击按键 插入刀具调动指令，按顺序输入刀号 1，转速 S100，连续单击 ENT 键，完成输入。单击程序启动键 ，进行刀具调取以及刀长的自动测量，完成上述操作后，进入刀具表信息界面，此时显示的刀具长度即为实际刀具总长，如图 1-3-7 所示。对 2、3、4 号刀依次进行刀长测量。

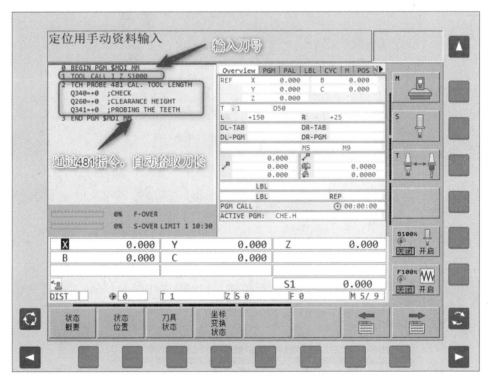

图 1-3-7　手工编程自动测量刀长

1.3.3　装夹及找正准备

单击菜单栏上的 图标隐藏附件，单击按键 ，进入手动模式，单击屏幕控制面板上右侧面板中的 和 按键，利用"前视图"和"右视图"切换方位，通过"手动"和"手轮"方式进行轴向移动，如图 1-3-8 所示。当切削到工件上表面时，再单击"改变原点"按钮，将光标移至夹具顶端点击 光标后，点击"编辑当前字段"按钮，修正 Z 轴坐标值，将当前 Z 轴值加上偏移值 2，这是毛坯上表面切削深度。将对应坐标系的 X 和 Y 轴处设置为"0"，如图 1-3-9 所示。点击"激活原点"按钮，将刀具远离工件表面，点击"主轴停止"按钮。

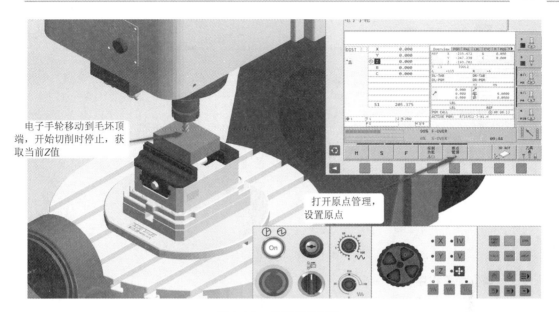

电子手轮移动到毛坯顶端，开始切削时停止，获取当前Z值

打开原点管理，设置原点

图 1-3-8 坐标原点创建

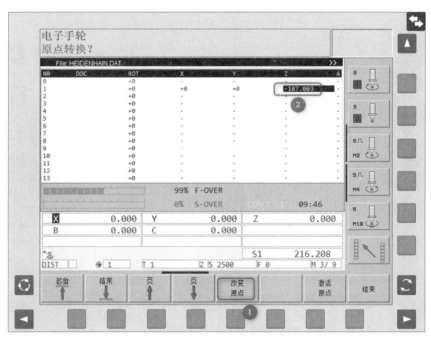

图 1-3-9 设置坐标系

1.3.4 零件仿真加工

1. 导入 NC 程序

将 CAM NC 代码拷贝到 TNC 文件夹之下，路径为：D:\ProgramFiles\HuiMaiTechSim\Controller\Heidenhain\TNC，如图 1-3-10 所示。

图 1-3-10   NC 程序导入

2. 调用加工程序

单击自动运行按钮 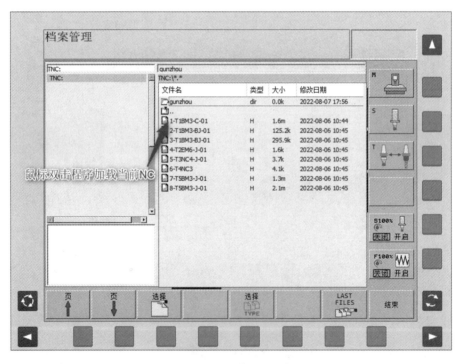 ，单击程序管理按钮 ，鼠标双击需要导入的程序，如图 1-3-11 所示。

图 1-3-11   加载 NC 程序

3. 程序运行加工

单击"程序启动"键 ，单击加工倍率按钮 ，通过倍率调节按钮来调节加工时 G00、G01 的速度，如图 1-3-12 所示。也可以通过软件仿真倍率调整仿真加工速度，指针到数字 8 为最快，如图 1-3-13 所示。

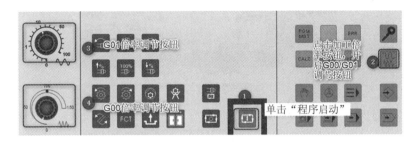

图 1-3-12 G01、G00 倍率调节

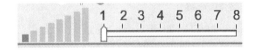

图 1-3-13 仿真倍率

4. 模拟结果

通过前面的机床相关操作，多轴机床根据 NC 代码进行模拟加工，加工过程中无报警、过切现象，第一次装夹仿真结果如图 1-3-14 所示。

图 1-3-14 第一次装夹仿真结果

5. 保存工程文件

单击"文件"菜单，选择"另存为"，即可保存至指定路径，如图 1-3-15 所示。

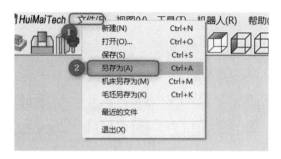

图 1-3-15　保存项目

6. 第二次装夹设置毛坯和夹具

如图 1-3-16 所示，将第一次装夹加工完成的毛坯另存为第二次装夹的毛坯文件。通过造型软件打开此文件并将此文件倒置之后再保存。单击"设置毛坯"图标 ![icon]，选"异型毛坯"，点击 […] 按钮将上述毛坯与夹具分别导入即可。

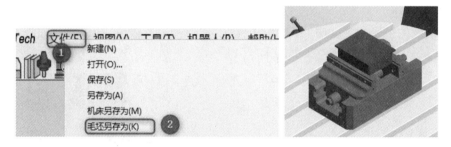

图 1-3-16　新建毛坯及装夹

7. 第二次装夹重置找正，设置 G54 坐标系

通过装夹找正得到毛坯上表面的 Z 值，再通过理论值偏移 Z 值 28，得到如图 1-3-17 所示的坐标系原点。

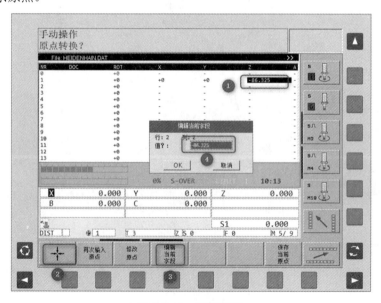

图 1-3-17　重新找正

8．第二次装夹仿真

将第二次装夹的 NC 导入指定的目录 D:\Program Files\HuiMaiTechSim\Controller\Heidenhain\TNC，依次进行仿真，得到如图 1-3-18 所示的仿真结果。

图 1-3-18　第二次装夹仿真结果

1.3.5　零件检测

1．进入测量模式

点击菜单栏 图标，进入 3D 工件测量模式，如图 1-3-19 所示，此状态将把加工剩余残料抓取到测量软件中。

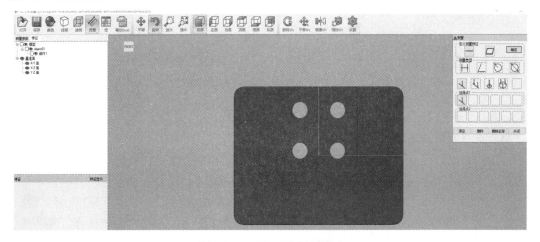

图 1-3-19　3D 工件测量模式

2．测量特征

通过软件中"平移""旋转""缩放"等功能调整视图到合适的位置。如图 1-3-20 所示，在右侧测量窗口中，"测量类型"选择"特征距离"，在"选择特征"中取消其他已选择的抓取特征模式，选择"抓取特征"，在视图窗口抓取两个平面，点击"确定"。在窗口的左下角输入圆柱的理论值及上下公差，得到图 1-3-21 所示的测量结果。

图 1-3-20　测量槽的间距

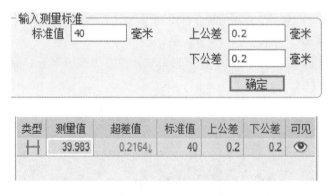

图 1-3-21　测量结果

3．多特征报告生成

如图 1-3-22 所示，通过测量窗口选择需要测量的类型，然后在特征中选择需要抓取的特征，为保持抓取的准确性，保持抓取特征只有一种即可。我们分别选择凸台的两个加工面特征计算两个平面距离，选择类型孔的直径，连续抓取孔特征。如图 1-3-23 所示，在左侧的窗口"测量参数"中，右键单击特征可以对测量特征进行删除、隐藏操作。将所需测量特征抓取完毕后，在菜单栏单击 图标输出 Excel 报告，如图 1-3-24 所示。

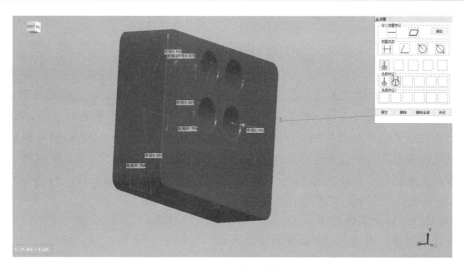

图 1-3-22　测量视图

类型	测量值	超差值	标准值	上公差	下公差	可见
H	39.983	0.2164↓	40	0.2	0.2	👁
⟳	4.001	0.1984↓	4	0.2	0.2	👁
⟳	4.067	0.1322↓	4	0.2	0.2	👁
⟳	4.075	0.1243↓	4	0.2	0.2	👁
⟳	3.932	0.2678↓	4	0.2	0.2	👁
∠	89.988	0.2110↓	90	0.2	0.2	👁
H	89.996	0.2032↓	90	0.2	0.2	👁
⟳	6.942	0.2571↓	7	0.2	0.2	👁

图 1-3-23　测量参数

HuiMaiTechSim测量数据

日期	2022-10-07 10:29:54		零件名称		object01	
序号	类型	测量值	超差值	标准值	上公差	下公差	评分
1	距离	39.983	0.216	40	0.2	0.2	
2	半径	4.001	0.198	4	0.2	0.2	
3	半径	4.067	0.132	4	0.2	0.2	
4	半径	4.075	0.124	4	0.2	0.2	
5	半径	3.932	0.267	4	0.2	0.2	
6	角度	89.988	0.211	90	0.2	0.2	
7	距离	89.996	0.203	90	0.2	0.2	
8	半径	6.942	0.257	7	0.2	0.2	

图 1-3-24　测量报告

项 目 总 结

PowerMill 具备完整的加工方案，不需人为干预预备加工模型，对操作者无经验要求，编程人员能轻轻松松完成工作，将节省出的时间和精力专注于其他重要的事情。PowerMill 可以接受不同软件系统所产生的三维数据模型，实现模型导入自由。PowerMill 是独立运行的、智能化程度最高三维复杂形体加工 CAM 系统。该系统与 CAD 分离，在网络下实现一体化集成，更能适应工程化的要求，代表着 CAM 技术最新的发展方向，与当今大多数的曲面 CAM 系统相比有无可比拟的优越性。

PowerMill 的特点总结如下：

系统易学易用，提高 CAM 系统的使用效率；

计算速度更快，提高数控编程的工作效率；

优化刀具路径，提高加工中心的切削效率；

支持高速加工，提高贵重设备的使用效率；

支持多轴加工，提升企业技术的应用水平；

先进加工模拟，降低加工中心的试切成本；

无过切与碰撞，排除加工事故的费用损失。

本项目中学习了五轴加工编程与机床操作的基础知识，包括五轴加工技术的介绍、常见五轴加工机床形式、常见五轴数控系统、常见多轴编程软件、PowerMill 软件介绍、PowerMill 软件基本操作、基座案例的编程及仿真和后处理。本项目是学习其他章节的基础，尤其体现在通过 PowerMill 软件选择相应的策略进行参数设置、生成刀具路径的操作中。

思 政 小 课 堂

1987 年 5 月 27 日，日本警视厅逮捕了东芝机械公司铸造部部长林隆二和机床事业部部长谷村弘明。其罪名是东芝机械公司与挪威康士堡公司合谋，非法向苏联出口大型铣床等高技术产品。这些设备能显著提升苏联潜艇的性能，降低噪声，从而削弱美国海军的水声探测优势。林隆二和谷村弘明被指控在这起高科技走私案中负有直接责任。此案引起国际舆论一片哗然，这就是冷战期间对西方国家安全危害最大的军用敏感高科技走私案件之一——东芝事件。这一事件凸显了高技术产品对国家安全的重要性，而装备制造业正是这一领域的核心。

装备制造业是一个国家工业发展的基石，直接关系着一个国家的工业生产能力，进而影响到国家的经济实力和国际地位。大型高精度数控加工设备是装备制造业的重中之重，不但关系到工业的现代化程度，更关系到国防安全。因此，世界各主要工业国都将把这类装备的研发和生产列为头等大事，并对敌对国家进行严密的封锁。与发达国家相比，我国机床行业起步晚，发展时间较短，技术相对落后。但近年来，中国装备制造业发展迅猛，尤其是重型数控机床发展最快，不断打破国外垄断和技术壁垒。

党的二十大强调了维护国家安全、防范化解重大风险的重要性，并提出了保持社会大局稳定、推进国防和军队现代化建设的目标。在这一背景下，装备制造业作为国家安全和经济发展的关键领域，受到了高度重视。国家通过政策支持和技术创新，推动装备制造业的快速发展，以应对国际局势的急剧变化和外部压力。面对外部的讹诈、遏制、封锁和极限施压，我们坚持国家利益为重，保持战略定力，发扬斗争精神，展示不畏强权的坚定意志。通过这些努力，在斗争中维护国家尊严和核心利益，牢牢掌握了我国发展和安全的主动权。

<h1 style="text-align:center">课 后 习 题</h1>

思考题

1．五轴机床有哪些分类？分别对应什么样的机床结构？

2．使用 PowerMill 软件进行编程的一般步骤是什么？

3．简述 PowerMill 软件中常用的二维曲线加工策略及特点。

4．简述 PowerMill 软件中常用的三维粗加工策略及特点。

5．总结在 PowerMill 软件中生成刀具路径时有哪些影响因素。

项目二

支架铣削编程加工训练

学习目标

知识目标

(1) 了解支架类零件的结构；
(2) 理解支架类零件各特征的结构；
(3) 掌握支架类零件的机械加工工艺要点；
(4) 掌握五轴加工技术特点；
(5) 了解五轴加工应用领域；
(6) 掌握海德汉固定循环指令；
(7) 掌握海德汉倾斜平面指令；
(8) 了解五轴加工辅助工装设计和应用。

能力目标

(1) 能合理地选择支架类零件的定位基准；
(2) 能合理地安排支架类零件的加工工序；
(3) 能合理地使用支架类零件的加工余量；
(4) 能根据工艺安排建立工件坐标系；
(5) 能导入夹具数字模型；
(6) 能够根据夹具图安装、调整和找正零件；
(7) 能通过相应的后置处理文件生成数控加工程序，并运用机床加工零件；
(8) 能正确设置定向坐标系。

素养目标

(1) 培养科学精神和科学态度；
(2) 培养工程质量意识；
(3) 培养团队合作能力。

思维导图

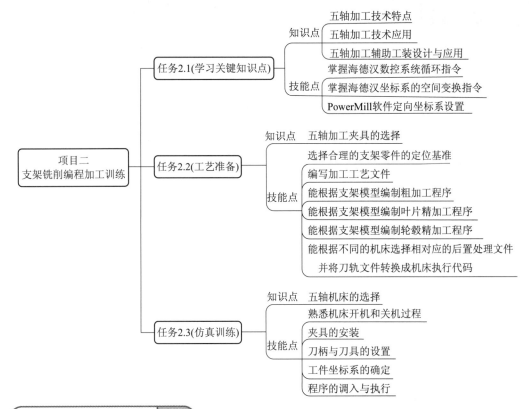

学习检测评分表

任务		目标要求与评分细则	分值	得分	备注
任务 2.1 (学习关键 知识点)	知识点	① 五轴加工技术的特点(3 分) ② 五轴加工技术的应用(3 分) ③ 坐标系的设置(3 分)	20		
	技能点	① 掌握海德汉数控系统循环指令(3 分) ② 掌握海德汉坐标系的空间变换指令(3 分) ③ PowerMill 软件定向坐标系设置(5 分)			
任务 2.2 (工艺准备)	知识点	五轴加工夹具的选择(5 分)	40		
	技能点	① 工艺夹具的安装要求(5 分) ② 编写加工工艺文件(10 分) ③ 能根据支架模型编制粗加工程序(10 分) ④ 能根据支架模型编制精加工程序(10 分) ⑤ 能根据不同的机床选择相应的后置处理文件并 将刀轨文件转换成机床执行代码(5 分)			
任务 2.3 (仿真训练)	知识点	五轴机床的选择(5 分)	40		
	技能点	① 熟悉机床开机和关机过程(5 分) ② 夹具的安装(10 分) ③ 刀柄与刀具的设置(10 分) ④ 工件坐标系的确定(5 分) ⑤ 程序的调入与执行(5 分)			

任务 2.1　五轴加工技术的特点及坐标系设置

2.1.1　五轴加工技术的特点

1. 提高加工质量

使用球头铣刀(球刀)进行仿形加工时，球刀以球面运动方式逼近工件表面，以点接触成型。用立铣刀加工曲面是通过平面运动去逼近待加工表面，以面带成型；或者是以刀具的侧刃进行切削，以线代点，如图 2-1-1 所示，因而能够获得较好且一致的表面质量。

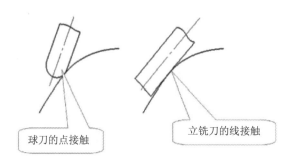

图 2-1-1　球头刀和立铣刀铣削曲面的区别

2. 改善刀具切削环境

1) 避免了球头铣刀中心切削速度为零的现象

在使用球头铣刀加工时，倾斜刀具轴线可以提高加工质量和切削效率。如图 2-1-2 所示，当使用球头刀加工平坦曲面时，由于球头铣刀刀尖处的半径非常小，因此其切削线速度几乎为零，这样会导致加工区域的已加工表面质量很差。如果采用多轴加工方法，将刀轴倾斜一定的角度，就可以避开球头铣刀刀尖处的切削，从而提高工件的表面质量。

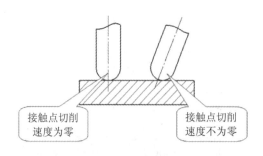

图 2-1-2　球头铣刀切削零件时的状态

2) 合理利用刀具长径比，提升加工效果

五轴加工能合理使用刀具最佳长径比，延长了刀具寿命，提高了工件表面光洁度，降低了刀具成本。刀具可达性好，清根彻底。只要工件型腔不是很深(相对刀具直径而言)，三轴刀具路径就足够了。如果工件型腔很深并有很窄的部位，使用纯粹的三轴刀具路径来完成整个精加工是不够的。在这种情况下，差的表面质量和较长的加工时间随之而来，如图 2-1-3 所示的三轴刀具路径情况，以及图 2-1-4 所示的五轴刀具路径情况。在这种情况下，通过缩短刀具的加持长度，可以提高零件的表面质量，延长刀具的寿命。

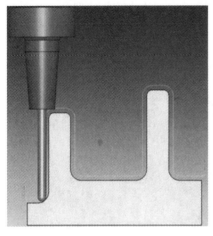

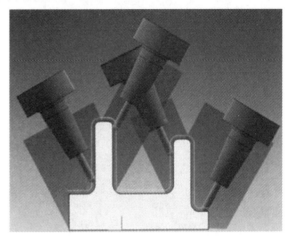

图 2-1-3　三轴加工深型腔　　　　　　　　图 2-1-4　3＋2 方式加工深型腔

通过比较可以看出，五轴宽行加工的优势表现在两个方面：

(1) 提高加工效率。在使用多轴加工零件时，可以减少加工流程和工件装夹次数，如图 2-1-5 所示。图 2-1-6 所示多轴加工可以几乎不使用特殊刀具和非标刀具，只使用标准刀具就可以完成绝大部分产品的加工，简化了刀具的应用，降低了刀具使用成本。使用标准刀具加工同时也减少了放电区域，模具抛光工序较少，节省时间并降低了零件的加工成本。

(2) 扩大工艺范围。在航空制造部门，有些零件如航空发动机上的整体叶轮，由于叶片本身扭曲和各曲面间相互位置的限制，因此要求加工时必须转动刀具轴线，否则很难甚至无法加工，另外在模具加工中有时只能用五轴加工中心才能避免刀身与工件的干涉。

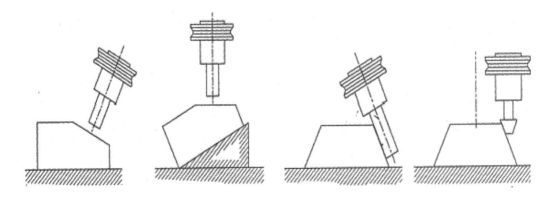

图 2-1-5　减少零件二次装夹　　　　　　　图 2-1-6　使用标准刀具加工

2.1.2　五轴加工技术应用

1. 在工模具领域的应用

采用五轴联动机床可以很快地完成模具加工，交货快，可以更好地保证模具的加工质量，并且修改模具也比较容易。在传统的模具加工中，一般用立式加工中心来完成工件的铣削加工。随着模具制造技术的不断发展，立式加工中心本身的一些弱点表现得越来越明显。现代模具加工普遍使用球头铣刀来加工，球头铣刀为模具加工带来的好处非常明显，但是如果用立式加工中心的话，其底面的线速度为零，这样底面的光洁度就很差，如果使用四、五轴联动机床加工模具，可以克服上述不足。图 2-1-7 和图 2-1-8 所示为汽车轮胎模具加工实例。

图 2-1-7 汽车轮胎模具加工实例 1

图 2-1-8 汽车轮胎模具加工实例 2

2．在航空航天领域的应用

与其他行业产品相比，航空类产品零件具有类型复杂、小批量、多样化、结构趋于复杂化和整体化、工艺难度大、加工过程复杂、薄壁化、大型化、材料去除量大、质量控制要求高等诸多特点，因此，五轴联动加工设备不仅是航空领域必需的加工设备，而且已经成为航空领域加工的主要设备。五轴联动可以保证切削加工中刀具以最佳几何形状进行切削，获得最好的表面质量、加工精度与加工效率。同时，为了获得良好的切削效果，减小零件变形，等余量切削是飞机结构件加工的主要方式。图 2-1-9 为超大型航空航天零件，图 2-1-10 为航天零件。

图 2-1-9 超大型航空航天零件

图 2-1-10 航天零件

3．在汽轮机、增压器叶片、叶轮加工方面的应用

叶轮是涡轮式发动机、涡轮增压发动机等的核心部件。在汽车领域，比较常见的是涡轮增压器。整体叶轮的形状比较复杂，叶片的扭曲度大，极易发生加工干涉。最初，叶轮的加工采用铸造成型后修光法、石蜡精密铸造法、电火花加工法、三坐标仿形铣削法等。但这些加工方法不仅效率较低，而且加工出的叶轮质量也较差。直到数控技术被应用到叶

轮的加工中，叶轮加工技术才得到了跨越性发展。目前，国内外叶轮数控加工方法主要有点铣法和侧铣法。点铣法能够保证质量，但加工效率极低，侧铣法较点铣法效率高许多，但涉及的关键技术较多。目前，国外侧铣法应用较普遍。图 2-1-11、图 2-1-12 是增压叶轮加工实例。

图 2-1-11　增压叶轮加工实例 1

图 2-1-12　增压叶轮加工实例 2

4．在医疗器械领域的应用

随着国民经济的迅速发展，人们知识水平及生活水平的不断提高，对生活质量的要求也提高了，人工关节、人工牙齿的应用越来越广泛。图 2-1-13 所示为骨关节模型，图 2-1-14 所示为牙齿模型。

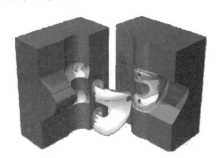
图 2-1-13　骨关节模型

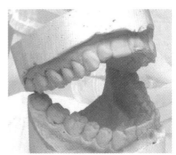
图 2-1-14　牙齿模型

5．在其他领域的应用

在汽车发动机气缸的加工工程中，由于气缸的结构复杂，气缸孔又是一个弯曲的曲面，因此使用三轴是无法加工的，这时只有使用五轴联动加工才可以完全加工出气缸孔内表面曲面。图 2-1-15 所示为管道零件加工编程，图 2-1-16 所示为发动机管道加工。

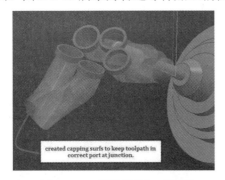
图 2-1-15　管道零件加工编程

图 2-1-16　发动机管道加工

2.1.3 PowerMill 软件坐标系设置

在 PowerMill 软件中,输入模型之后,项目中通常有且只有一个世界坐标系。有时世界坐标系难以满足加工需求,不能为刀具设置或应用的加工策略提供适当的位置或方向,此时就需要建立新的用户坐标系。

图 2-1-17 中,世界坐标系是模型的原始坐标,在创建模型时用来定位模型各个结构的坐标系。用户坐标系是用户自行创建的,它允许用户根据自己的需求定义加工原点和对齐定位,不要需物理移动部件模型。

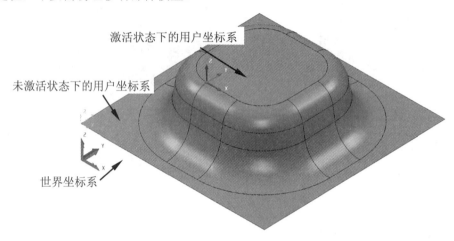

图 2-1-17　PowerMill 加工坐标系的类型

PowerMill 软件可根据用户需求创建坐标系,也可对创建好的用户坐标系进行编辑(平移、旋转、复制等)操作。

1. 工作平面在点

用户坐标系在点是指通过继承当前激活坐标系的矢量方向,指定坐标系原点的位置而定义的坐标系。

2. 多工作平面

多工作平面其实是工作平面在点的集合,多工作平面的创建方式与工作平面在点的创建方式相同,不同之处在于,多工作平面一次性可创建多个工作平面,而工作平面在点一次只能创建一个工作平面。

3. 通过 3 点创建工作平面

通过 3 点创建工作平面是指通过设定坐标系原点、X 轴方向和 XY 平面上的任意点来创建的用户工作平面。

4. 工作平面对齐几何形体

工作平面对齐几何形体是指通过指定某个坐标轴作为对齐几何形体的法向矢量,通过选取坐标原点和所选几何形体自身的 U、V 方向来确定工作平面,坐标系其中一坐标平面与所选几何形体相切或共面。

5. 使用毛坯定位工作平面

使用毛坯定位工作平面是指通过毛坯上的特殊方位点，选取其中任意一个来定义工作平面原点，坐标系的方向继承当前激活坐标系。

6. 工作平面在选择顶部

工作平面在选择顶部是指坐标系原点为所选的曲面的最小方框包容体顶部几何中心，坐标系的方向继承当前激活坐标系。

7. 工作平面在选择中央

工作平面在选择中央是指坐标系原点为所选的曲面的最小方框包容体几何中心，坐标系的方向继承当前激活坐标系。

8. 工作平面在选择底部

工作平面在选择底部是指坐标系原点为所选的曲面的最小方框包容体底部几何中心，坐标系的方向继承当前激活坐标系。

任务 2.2　支架加工工艺准备及编程

2.2.1　支架零件图纸分析

根据图 2-2-1 所示支架工程图纸可以得知，该支架零件呈长方体形状。支架的顶部为用于安装叶轮的直径 36 mm 的圆型槽。底部为与底座连接固定的 40 mm × 41.15 mm 的方形基座，基座上有 4 个 M8 螺纹孔。顶部和底部之间的连接部分是半径为 64 mm 的弧形结构。在弧形结构的两侧各有 3 个减重槽，槽的所有圆角的过渡为 R5(mm)。该零件的材料为 6061 铝合金。

2.2.2　支架零件工艺分析

1. 制定支架数控加工工艺

1) 零件结构分析

支架零件的加工相对比较复杂，主要包括两个方面的内容，首先要用数控铣床加工产品的底部基座外形尺寸和 4 个安装位置孔，其次在五轴加工中心完成产品顶部位置和弧形连接位置的加工。

2) 毛坯选用

零件粗毛坯材料使用 45 mm × 45 mm × 125 mm 6061 铝合金，支架毛坯图如图 2-2-2 所示。

3) 设计夹具与确定编程坐标系

在考虑零件安装夹紧时，可以使用通用夹具平口钳进行装夹，为了防止机床主轴及刀柄跟夹具的干涉，以及避免摆角达到极限情况，可以将平口钳安装在方箱上面，如图 2-2-3 所示。

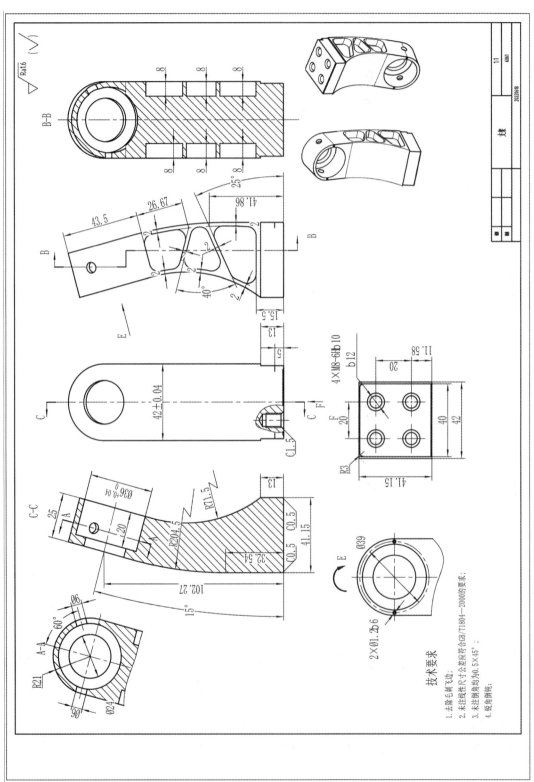

技术要求

1. 去除毛刺飞边；
2. 未注线性尺寸公差应符合GB/T1804—2000的要求；
3. 未注倒角均为0.5×45°；
4. 锐角倒钝；

图 2-2-1 支架工程图纸(教学用图)

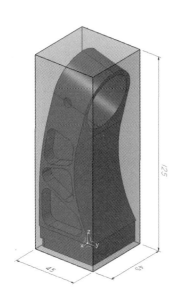

图 2-2-2　支架毛坯图

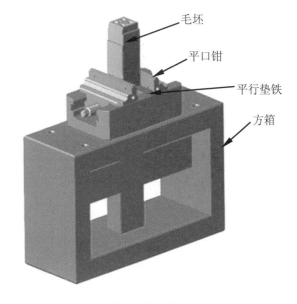

图 2-2-3　支架夹具示意图

　　第二次安装夹紧时考虑到顶部直径 36(mm)的圆型槽的轴线为仰角加工,图纸中标注为 15°,其次考虑支架连接部位的圆弧外形加工时刀具和刀柄不要跟平口钳和方箱发生干涉,这时可以使用平口钳自带的浅钳口进行夹紧,具体夹紧方式如图 2-2-4 所示。

图 2-2-4　支架第二次装夹夹具示意图

2. 编制加工工序卡

　　根据前面的分析分别填写机械加工工艺过程卡片(表 2-2-1)、机械加工工序卡片(表 2-2-2、表 2-2-3)、支架五轴加工程序单(表 2-2-4、表 2-2-5、表 2-2-6)。

表 2-2-1 机械加工工艺过程卡片

单位：mm

机械加工 工艺过程卡片		产品型号	20220818	零部件序号		第 1 页
		产品名称	支架	零部件名称		共 1 页
材料牌号	6061	毛坯规格	45×45×125	毛坯重量/kg		数量	1

工序号	工序名	工 序 内 容	工段	工 艺 装 备	工 时	
					准结	单件
5	备料	切割毛坯至尺寸 45 mm × 45 mm × 125 mm	外购	锯床		
10	铣加工	铣削支架底部外形至设计尺寸，加工 4 个直径为 6.5 mm 的孔	铣	五轴加工中心、游标卡尺、外径千分尺		
15	铣加工	铣削支架顶部外形至设计尺寸，加工直径为 36.045 mm、深度为 20 mm 的圆形型腔。加工连接部分的弧形结构。进行其他外形加工	铣	五轴加工中心、游标卡尺、外径千分尺		
20	去毛刺	清理零件毛刺和锐角倒钝	钳			
25	检验	检测零件尺寸和几何公差	检	CMM、蓝光比对测量仪		

表 2-2-2　机械加工工序卡片(一)　　　　单位：mm

机械加工工序卡片	产品型号	20220818	零部件序号		第 1 页
	产品名称	支架	零部件名称		共 2 页

	工 序 号	10
	工 序 名	铣加工
	材　　料	6061
	设　　备	五轴加工中心
	设备型号	
	夹　　具	平口钳
	量　　具	游标卡尺
		外径千分尺
	准结工时	
	单件工时	

工步	工 步 内 容	刀 具	主轴转速 $S/(r/min)$	进给速度 $F/(mm/r)$	切削深度 a_p/mm	工步工时 机动	工步工时 辅助
1	支架底部外形粗加工	ϕ12 立铣刀	6500	4000	0.5		
2	支架底部外形精加工	ϕ12 立铣刀	6500	1500	0.1		
3	加工 4 个 M8 底孔定心	ϕ10 定心钻	3000	1000	0.5		
4	加工 4 个 M8 底孔到尺寸	ϕ6.5 钻头	5000	200	0.5		
5	倒角加工	ϕ10 点钻	6500	1200	0.1		

表 2-2-3 机械加工工序卡片(二)

机械加工工序卡片	产品型号	20220818	零部件序号		第 2 页
	产品名称	支架	零部件名称		共 2 页

精毛坯　支架　平口钳

精毛坯　工作坐标系　支架

工 序 号	15
工 序 名	铣削
材 料	6061
设 备	五轴加工中心
设备型号	
夹 具	平口钳
量 具	游标卡尺
	外径千分尺
准结工时	
单件工时	

工步	工 步 内 容	刀 具	主轴转速 S/(r/min)	进给速度 F/(mm/r)	切削深度 a_p/(mm)	工步工时 机动	工步工时 辅助
1	支架顶部和连接部分整体粗加工	ϕ12 立铣刀	6000	4000	0.5		
2	支架顶部ϕ36 mm 的圆形型腔和ϕ24 mm 孔粗加工	ϕ12 立铣刀	6000	2000	0.1		
3	支架连接部分减重槽粗加工	ϕ8 立铣刀	8000	4000	0.5		
4	支架顶部和连接部分外形精加工	ϕ8 立铣刀	8000	1200	0.1		
5	支架顶部ϕ6 mm 圆形型腔和ϕ24 mm 孔精加工	ϕ12 立铣刀	6000	2000	2		
6	支架连接部分减重槽精加工	ϕ8 立铣刀	9000	3000	0.1		
7	支架顶部 4 个孔定心	ϕ4 定心钻	6000	300	0.1		
8	支架顶部 2 个ϕ6 mm 的孔和2 个ϕ1.2 mm 的孔	ϕ6、ϕ1.2 钻头	5000、1000	150/100	0.05		

表 2-2-4　支架五轴加工程序单——第二次装夹(一)　　　单位：mm

零件号	20220818	编程员		图档路径		机床操作员		机床号	
客户名称		材料	6061	工序号	10	工序名称	支架铣削加工	日期	年 月 日

序号	加工内容	程序名称	刀具号	刀具类型	刀具参数	主轴转速/(r/min)	进给速度/(mm/r)	余量(X、Y、Z方向)/mm	装夹刀长/mm	加工时间	备注
1	支架底部外形粗加工	1T1EM10-C-01	T1	立铣刀	φ12	6500	4000	0.2/0.2	20		
2	支架底部外形精加工	2T2EM10-BJ-01	T2	立铣刀	φ12	6500	1500	0.0/0.0	20		
3	支架外形精加工-1	3T2EM12-J-01	T2	立铣刀	φ12	6500	1500	0.0/0.0	20		
4	支架外形精加工-2	4T2EM12-J-01	T2	立铣刀	φ12	6500	1500	0.0/0.0	20		
5	支架外形精加工-3	5T2EM12-J-01	T2	立铣刀	φ12	6500	1500	0.0/0.0	20		
6	4 个 M8 底孔定心	6T3NC10-01	T3	定心钻	φ10	3000	1000	0.0/0.0	20		
7	4 个 M8 底孔到尺寸	7T4D6.5-01	T4	钻头	φ6.5	5000	200	0.0/0.0	20		
8	倒角加工	8T3NC2-J-01	T3	定心钻	φ10	6500	1200	0.0/0.0	20		
9											
10											

工件装夹示意图

	毛坯尺寸	45 × 45 × 125
Z 方向	毛坯顶部下移 2 mm	装夹方式	方箱 + 平口钳

五轴加工中心操作确认

1	工件摆放和程序对上了吗？
2	工件夹紧了吗？找正了吗？
3	分中检查了吗？寻边器杠杆表好用吗？
4	坐标系、输入数据确认了吗？
5	对刀、刀号、输入数据确认了吗？
6	刀具直径、长度、安全高度确认了吗？
7	加工程序确认了吗？
8	加工前使用 HuiMaiTech 仿真加工了吗？
9	加工前试切削了吗？

X、Y 方向　毛坯分中

表 2-2-5 支架五轴加工程序单——第二次装夹(二)

单位：mm

零件号	20220818	编程员				图档路径		机床操作员			机床号	
客户名称		材料	6061		工序号	15	工序名称	支架铣削加工		日期		年 月 日

序号	加工内容	程序名称	刀具号	刀具类型	刀具参数	主轴转速/(r/min)	进给速度/(mm/r)	余量(X、Y、Z方向)/mm	装夹刀长/mm	加工时间	备注
1	支架整体粗加工-1	1T1EM12-C-01	T1	立铣刀	ϕ12	6000	4000	0.5/0.5	45		
2	支架整体粗加工-2	2T1EM12-C-01	T1	立铣刀	ϕ12	6000	4000	0.5/0.5	45		
3	ϕ36 型腔粗加工	3T1EM12-C-01	T1	立铣刀	ϕ12	6000	4000	0.5/0.5	45		
4	ϕ24 孔粗加工	4T1EM12-C-01	T1	立铣刀	ϕ12	6000	4000	0.5/0.5	45		
5	外形精加工-1	5T2EM12-J-01	T2	立铣刀	ϕ12	6000	2000	0.0/0.0	45		
6	外形精加工-2	6T2EM12-J-01	T2	立铣刀	ϕ12	6000	2000	0.0/0.0	45		
7	外形精加工-3	7T2EM12-J-01	T2	立铣刀	ϕ12	6000	2000	0.0/0.0	45		
8	ϕ36 型腔精加工	8T2EM12-J-01	T2	立铣刀	ϕ12	6000	2000	0.0/0.0	45		
9	ϕ24 孔精加工	9T2EM12-J-01	T2	立铣刀	ϕ12	6000	2000	0.0/0.0	45		
10	减重槽侧壁半精加工-1	10T3EM8-BJ-01	T3	立铣刀	ϕ8	8000	2000	0.2/0.2	25		

工件装夹示意图

毛坯尺寸	$45 \times 45 \times 125$

Z 方向

毛坯底部

装夹方式：方箱 + 平口钳

五轴加工中心操作确认

1	工件摆放和程序对上了吗？
2	工件夹紧了吗？找正了吗？
3	分中检查了吗？寻边器杠杆表好用吗？
4	坐标系、输入数据确认了吗？
5	对刀、刀号、输入数据确认了吗？
6	刀具直径、长度、安全高度确认了吗？
7	加工程序确认了吗？
8	加工前使用 HuiMaiTech 仿真加工了吗？
9	加工前试切削了吗？

Y 方向钳口分中，X 方向为上道工序加工侧面

X、Y 方向

表 2-2-6 支架五轴加工程序单——第二次装夹(三) 单位：mm

零件号	20220818	编程员		图档路径		机床操作员		机床号	

客户名称		材料	6061	工序号	15	工序名称	支架铣削加工	日期	年 月 日

序号	加工内容	程序名称	刀具号	刀具类型	刀具参数	主轴转速/(r/min)	进给速度/(mm/r)	余量(X、Y、Z方向)/mm	装夹刀长/mm	加工时间	备注
11	减重槽侧壁半精加工-2	11T3EM8-BJ-01	T3	立铣刀	$\phi8$	8000	2000	0.2/0.2	25		
12	减重槽底精加工-1	12T3EM8-J-01	T3	立铣刀	$\phi8$	8000	2000	0.0/0.0	25		
13	减重槽底精加工-2	13T3EM8-J-01	T3	立铣刀	$\phi8$	8000	2000	0.0/0.0	25		
14	减重槽侧壁精加工-1	14T3EM8-J-01	T3	立铣刀	$\phi8$	8000	2000	0.0/0.0	25		
15	减重槽侧壁精加工-2	15T3EM8-J-01	T3	立铣刀	$\phi8$	8000	2000	0.0/0.0	25		
16	连接部分精加工-1	16T3EM8-J-01	T3	立铣刀	$\phi8$	8000	2000	0.0/0.0	25		
17	连接部分精加工-2	17T3EM8-J-01	T3	立铣刀	$\phi8$	8000	2000	0.0/0.0	25		
18	支架顶部4个孔定心	18T4CD4-J-01	T4	定向钻	$\phi4$	8000	1000		25		
19	2个$\phi6$的孔	19T5D6-J-01	T5	钻头	$\phi6$	4000	1000	0.0/0.0	40		
20	2个$\phi1.2$孔	20T6D1.2-J-01	T6	钻头	$\phi1.2$	8000	2000	0.0/0.0	30		

工件装夹示意图

毛坯尺寸 45 mm × 45 mm × 125 mm

装夹方式 方箱 + 平口钳

五轴加工中心操作确认

1	工件摆放和程序对上了吗？
2	工件夹紧了吗？找正了吗？
3	分中检查了吗？寻边器杠杆表好用吗？
4	坐标系、输入数据确认了吗？
5	对刀、刀号、输入数据确认了吗？
6	刀具直径、长度、安全高度确认了吗？
7	加工程序确认了吗？
8	加工前使用 HuiMaiTech 仿真加工了吗？
9	加工前试切削了吗？

2.2.3　支架零件程序编制——第一次装夹

1．模型输入

将支架零件模型和夹具体模型输入软件中，操作方法同项目一任务二零件模型的输入，支架与夹具体数字模型如图2-2-5所示。软件界面左边资源管理器中"工作平面"中有"G54"用户坐标系，"层、组合和夹持"中有"支架"和"夹具体"两个用户层，"模型"中有"支架"和"夹具体"两个数字模型，如图2-2-6所示。

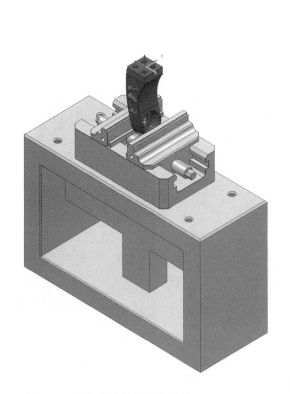

图2-2-5　支架与夹具体数字模型　　　　　　　　　图2-2-6　PowerMill资源管理器

2．毛坯定义

单击用户界面上部"开始"工具栏中"毛坯"图标，弹出图2-2-7所示"毛坯"对话框。按图2-2-7所示参数进行设置，"由…定义"选择"方框"，"坐标系"选择"命名的工作平面"，选择"G54"，定义毛坯之后的模型如图2-2-8所示。

3．工作平面建立

本次任务使用工作平面"G54"坐标，如图2-2-8所示。

图 2-2-7 "毛坯"对话框

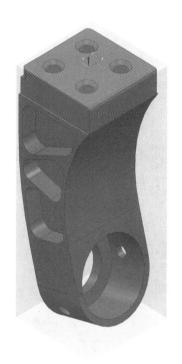

图 2-2-8 定义毛坯之后的模型

4. 刀具定义

由表 2-2-1 和表 2-2-2 中得知，加工此支架模型共需要 4 把刀具，刀具具体几何参数如表 2-2-7 所示。

表 2-2-7　刀具几何参数　　　　　　　　　　单位：mm

序号	刀具类型	刀尖							刀柄			夹持			伸出
		名称	编号	几何形状					尺寸			尺寸			
				直径	长度	刀尖半径	锥度	锥高	锥形直径	顶部直径	底部直径	长度	顶部直径	底部直径	长度	
1	立铣刀	T1-EM12	1	12	45					12	12	30	27	27	80	50
2	立铣刀	T2-EM12	2	12	45					12	12	30	27	27	80	50
3	定心钻	T3-NC10	3	10	25		45			10	10	50	27	27	80	30
4	钻头	T2-DR6.5	6.5	6.5	50		50			6.5	6.5	50	27	27	80	65

参照项目一任务二建立刀具操作过程，按表 2-2-4 中的刀具几何参数创建其余刀具。设置完成后 PowerMill 浏览器如图 2-2-9 所示。

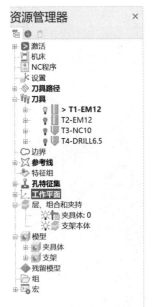

图 2-2-9　PowerMill 资源管理器　　　图 2-2-10　"进给和转速"对话框

5. 进给率设置

单击用户界面上部"开始"工具栏中的"进给率"图标🔧，弹出如图 2-2-10 所示的"进给和转速"对话框。

在此对话框中进行如下设置：

- ❑ "主轴转速"设置为"6500.0"。
- ❑ "切削进给率"设置为"4000.0"。
- ❑ "下切进给率"设置为"1000.0"。
- ❑ "掠过进给率"设置为"6000.0"。

设置完成之后，单击"应用"按钮，就完成了"T1-EM12"刀具进给率的设置。使用同样的方法按表 2-2-2 所示的参数设置剩下刀具的进给率。

6. 创建刀具路径

1) 创建支架整体粗加工刀具路径

单击用户界面上部"开始"工具栏中的"刀具路径策略"图标🖱，弹出"策略选择器"对话框。单击"3D 区域清除"标签，然后选择"模型区域清除"选项，单击"确定"按钮将弹出如图 2-2-11 所示的"模型区域清除"对话框。

在此对话框中进行如下设置：

- ❑ "刀具路径名称"改为"1T1EM12-C-01"。
- ❑ "样式"下拉列表中选择"偏移所有"。
- ❑ "切削方向"下拉列表中都选择"任意"。
- ❑ "公差"设置为"0.1"。
- ❑ "余量"设置为"0.2"。
- ❑ "行距"设置为"8.0"。

❑ "下切步距"下拉列表中选择"自动",参数设置为"5.0"。

图 2-2-11 "模型区域清除"对话框

在"模型区域清除"对话框中,单击 ↙ **工作平面** 标签,在"工作平面"下拉列表中选择"G54";单击 █ **刀具** 标签,在刀具选择下拉列表中选择"T1-EM12";单击 ┄🐙 **剪裁** 标签,在"剪裁"对话框中"毛坯"中的"剪裁"下拉列表中选择 "允许刀具中心在毛坯以外" 🐙 。单击 ╶●**偏移** 标签,在"偏移"对话框中进行如下设置:

❑ 将"高级偏移设置"中"删除残留高度"的选中状态取消。

❑ "切削方向"下拉列表中全部选择"顺铣"。

❑ "方向"下拉列表中选择"由外向内"。

设置结果如图 2-2-12 所示。

单击 ┇┇**切入切出和连接** 标签中的"切入"选项,弹出"切入"对话框,如图 2-2-13 所示。在"切入"对话框的"第一选择"下拉列表中选择"斜向"。这时可以单击"斜向选项"图标 ◇,弹出"斜向切入选项"对话框,在此对话框中"第一选择"选项卡中进行如下设置:

❑ "最大左斜角"设置为"3.0"。

❑ "沿着"下拉列表中选择"刀具路径"。

❑ "圆直径"设置为"0.95"。

❑ "斜向高度"的"类型"下拉列表中选择"段增量"。

□ "高度"设置为"3.0"。

偏移

高级偏移设置

☐ 保持切削方向
☐ 螺旋
☑ 删除残留高度
☑ 先加工最小的

切削方向

轮廓
顺铣

区域
顺铣

方向
由外向内

图 2-2-12 "偏移"对话框

切入

第一选择
斜向

☐ 应用约束
距离 ＞ 10.0
＞

第二选择
无

过切检查 ☑

图 2-2-13 "切入"对话框

设置结果如图 2-2-14 所示，然后单击"接受"按钮。

图 2-2-14 "斜向切入"参数设置

　　单击 **刀轴** 标签中的"刀轴"选项。在"刀轴"对话框的"刀轴"下拉列表中选择"垂直"。

　　"模型区域清除"对话框的其余参数默认,设置完成之后单击"计算"按钮。刀具路径生成之后,单击"取消"按钮,接着单击用户界面最右边"查看"工具栏中的"ISO1"图标 ，粗加工刀具路径示意图如图 2-2-15 所示。

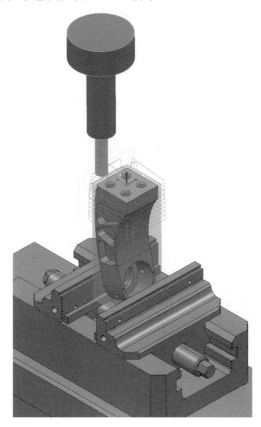

图 2-2-15　"1T1EM20-C-01"刀具路径

2) 创建支架底面精加工刀具路径

　　单击用户界面上部"开始"工具栏中的"刀具路径策略"图标 ，弹出"策略选择器"对话框,单击"3D 区域清除"标签,然后选择"等高切面区域清除"选项,单击"接受"按钮将弹出"等高切面区域清除"对话框,在此对话框设置参数,如图 2-2-16 所示。

　　单击 **用户坐标系** 标签,在"工作平面"下拉列表中选择"G54"。

　　单击 **剪裁** 标签,在"剪裁"对话框中"毛坯"中的"裁剪"下拉列表中选择"允许刀具中心在毛坯之外"选项 ，"Z 界限"中"最小"设置为"−1.0"。

　　单击 **刀具** 标签,在"刀具选择"下拉列表中选择"T2-EM12"。

　　单击 **平行**标签,在"平行"对话框中进行如下设置:

❏ 勾选"固定方向","角度"设置为"90.0"。

❏ "切削方向"下拉列表中全部选择"任意"。

图 2-2-16   "等高切面区域清除"对话框

设置结果如图 2-2-17 所示。

单击"等高切面区域清除"标签下"平坦面加工"选项，如图 2-2-18 所示，打开"平坦面加工"对话框，不激活"多重切削"选项，激活状态为在其左边打上对钩。在此对话框中进行如下设置：

❑ "进刀余量"设置为"0.05"。
❑ "平坦面公差"设置为"0.5"。
❑ "忽略孔"设置为"选用"。
❑ "分限值"设置为"2.0"。

单击 刀轴 标签中"刀轴"选项。在"刀轴"对话框的"刀轴"下拉列表中选择"垂直"。

单击 快进移动 标签，在"快进移动"对话框中进行如下设置：

❑ "安全区域"中的"类型"下拉列表中选择"平面"。
❑ "工作平面"下拉列表中选择"1"。
❑ "安全 Z 高度"设置为"50.0"。
❑ "开始 Z 高度"设置为"20.0"。

图 2-2-17 "平行"对话框

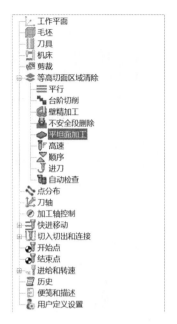

图 2-2-18 "平坦面加工"选择

"等高切面区域清除"对话框的其余参数默认，设置完成之后单击"计算"按钮。刀具路径生成之后，单击"关闭"按钮，接着单击用户界面最右边"查看"工具栏中的"ISO1"图标 ⬡，"2T2EM12-J-01"刀具路径如图 2-2-19 所示。

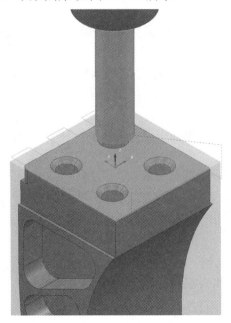

图 2-2-19 "2T2EM12-J-01"刀具路径

3) 创建外侧壁精加工刀具路径 —— 1

单击用户界面上部"开始"工具栏中的"刀具路径策略"图标 ▤，弹出"策略选择器"对话框。单击"精加工"标签，然后选择"SWARF 精加工"选项，单击"接受"按钮将弹出"SWARF 精加工"对话框。在此对话框中进行如下设置：

- ❑ "刀具路径名称"改为"3T2EM12-J-01"。
- ❑ "曲面侧"下拉列表中选择"外"。
- ❑ "切削方向"下拉列表中选择"顺铣"。
- ❑ "公差"设置为"0.002"。
- ❑ "余量"设置为"0.0"。

在"模型区域清除"对话框中，选择 <u>╱ 工作平面</u> 标签，在"工作平面"下拉列表中选择"G54"。

单击 <u>▌</u>刀具标签，在"刀具选择"下拉列表中选择"T2-EM12"。

单击"SWARF 精加工"标签下的 <u>═══ 多重切削</u> 标签，在"多重切削"对话框中进行如下设置：

- ❑ "方式"下拉列表中选择"关"。
- ❑ "排序方式"下拉列表中选择"区域"。
- ❑ "上限"下拉列表中选择"顶部"。
- ❑ "偏置"设置为"0.0"。

单击 <u>切入切出和连接 切入</u> 标签中的"切入"选项。在"切入"对话框的"第一选择"下拉列表中选择"延长移动"，并且勾选"增加切入切出到短连接"，单击"切出和切入相同"按钮 <u>☝</u>，把"切入"的参数全部复制给"切出"。单击"连接"标签，在"第一选择"下拉列表中选择"安全高度"，"第二选择"与"默认"下拉列表中都选择"相对"。

单击 <u>╱ 刀轴</u> 标签中的"刀轴"选项。在"刀轴"对话框的"刀轴"下拉列表中选择"自动"，在"刀轴光顺"左边打上对钩。

按住键盘上的 Shift 键在用户界面中分别选取 3 个外侧壁曲面。

"SWARF 精加工"对话框的其余参数默认，设置完毕之后单击"计算"按钮。刀具路径生成之后，单击"关闭"按钮，接着单击用户界面最右边"查看"工具栏中的"ISO1"图标 <u>◈</u>，外侧壁精加工刀具路径示意图如图 2-2-20 所示。

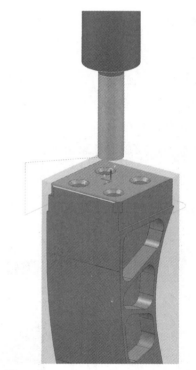

图 2-2-20　"3T2EM12-J-01"刀具路径

4）创建外侧壁精加工刀具路径——2

按照"创建外侧壁精加工刀具路径——1"的加工方法，"刀具路径名称"改为"4T2EM12-J-01"。单击"SWARF 精加工"标签下的 <u>═══ 多重切削</u> 标签，在"多重切削"对话框中进行如下设置：

- ❑ "模式"下拉列表中选择"向上偏移"。
- ❑ "排序方式"下拉列表中选择"区域"。

- ❑ "上限"下拉列表中选择"顶部"。
- ❑ "偏移"设置为"0.0"。
- ❑ "最大下切步距"设置为"20.0"。

设置结果如图 2-2-21 所示。

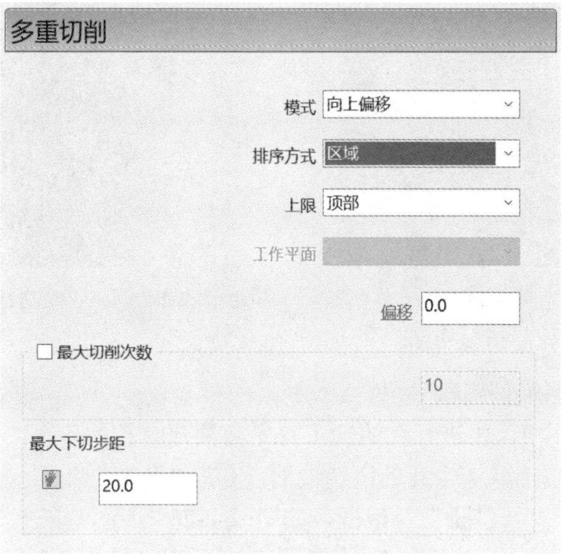

图 2-2-21　多重切削参数

选择图 2-2-22 所示的曲面，其加工结果如图 2-2-23 所示。

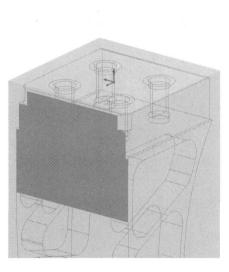

图 2-2-22　选取外侧壁曲面

图 2-2-23　"4T2EM12-J-01"刀具路径

5) 创建外侧壁精加工刀具路径——3

按照"创建外侧壁精加工刀具路径——1"的加工方法，"刀具路径名称"改为"5T2EM12-J-01"。选择图 2-2-24 所示的曲面，其加工结果如图 2-2-25 所示。

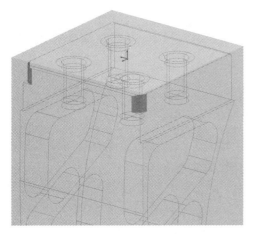

图 2-2-24　选取外侧壁曲面　　　　　　　图 2-2-25　"5T2EM12-J-01"刀具路径

6）创建 M8 底孔定心刀具路径

（1）创建 M8 底孔的孔特征。

在 PowerMill 软件中，要进行孔的加工首先必须建立孔的特征。按住 Shift 键，在绘图区中使用鼠标左键分别选取 4 个孔的侧壁曲面，右击"孔特征集"，在弹出的快捷菜单中选择"创建孔"，将打开"创建孔"对话框，如图 2-2-26 所示，按该图设置参数勾选"创建后编辑"，然后单击"应用"，将弹出"编辑孔"对话框，按图 2-2-27 所示设置参数，依次单击"应用""关闭"按钮。此时用户界面左边的 PowerMill 资源管理器中将显示刚才设置的孔特征，如图 2-2-28 所示。单击用户界面最右边"查看"工具栏中"ISO1"图标，取消工件图形的"阴影"显示和毛坯显示，此时用户工作区显示如图 2-2-29 所示。特征"1"此时被激活，这样就完成了孔特征的建立。

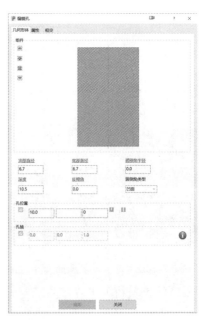

图 2-2-26　"创建孔"对话框　　　　　　　图 2-2-27　"编辑孔"对话框

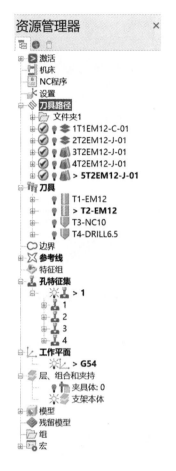

图 2-2-28　PowerMill 浏览器　　　　　图 2-2-29　孔系特征建立完成后的显示

在建立侧壁孔系特征之前，先将"孔特征集"中孔特征"1"的激活状态取消。

(2) 创建 M8 底孔的定心程序。

单击用户界面上部"主要"工具栏中的"刀具路径策略"图标 ，弹出"策略选取器"对话框。单击"钻孔"标签，然后选择"钻孔"选项，单击"接受"按钮将弹出"钻孔"对话框。在此对话框中进行如下设置：

❏ "刀具路径名称"改为"6T3NC10-01"。

❏ "循环类型"下拉列表中选择"单次啄孔"。

❏ "定义顶部"下拉列表中选择"孔顶部"。

❏ "操作"下拉列表中选择"用户定义"。

❏ "间隙"设置为"5.0"。

❏ "深度"设置为"4.8"。

❏ "公差"设置为"0.1"。

❏ "余量"设置为"0.0"。

在"钻孔"对话框中，单击 孔标签，在"孔"对话框中"特征集"下拉列表中选择"1"特征，如图 2-2-30 所示。

图 2-2-30 "孔" 对话框

单击"工作平面"标签，在下拉列表中选择"G54"。单击"刀具"标签，在下拉列表中选择"T3-NC10"。单击"刀轴"标签，在"刀轴"对话框的"刀轴"下拉列表中选择"垂直"。单击"快进移动"标签，在"快进移动"对话框中进行如下设置：

❑ "安全区域"中的"类型"下拉列表中选择"平面"。
❑ "工作平面"下拉列表中选择"G54"。
❑ "快进高度"设置为"20.0"。
❑ "下切高度"设置为"5.0"。

单击 🔲 切入切出和连接 🔲 连接 标签中的"连接"选项，在此对话框中进行如下设置：

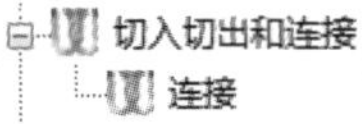

❑ "第一选择"下拉列表中选择"掠过"。
❑ "第二选择"下拉列表中选择"相对"。
❑ "默认"下拉列表中选择"安全高度"。

"钻孔"对话框的其余参数默认，设置完毕之后单击"计算"按钮。刀具路径生成之后，单击"关闭"按钮，接着单击用户界面最右边"查看"工具栏中"ISO1"图标 🔲，"6T3NC10-01"刀具路径示意图如图 2-2-31 所示。

7) 创建 M8 底孔刀具路径

参照"6T3NC10-01"刀具路径的建立方法。在"钻孔"对话框中进行如下设置：

- ❏ "刀具路径名称"设置为"7T4D6.5-01"。
- ❏ "刀具"下拉列表中选择"T4-DR6.5"。
- ❏ "循环类型"下拉列表中选择"深钻"。
- ❏ "操作"下拉列表中选择"全直径"。
- ❏ "间隙"设置为"5.0","啄孔深度"设置为"3.0","公差"设置为"0.01"。
- ❏ 单击"选择",弹出"特征选择"对话框,选择6.7 mm孔特征。
- ❏ 单击"关闭"按钮,回到"钻孔"对话框。

最后单击"计算"→"关闭"按钮。接着单击用户界面最右边"查看"工具栏中"ISO1"图标 ⬡ ,"7T4D6.5-01"刀具路径示意图如图 2-2-32 所示。

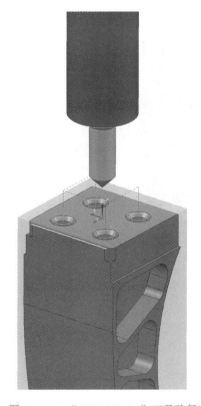

图 2-2-31　"6T3NC10-01"刀具路径　　　　图 2-2-32　"7T4DR6.5-01"刀具路径

8) 创建倒角加工刀具路径

(1) 创建倒角加工参考线。

在图 2-2-33 中,箭头所指向的点为建立曲线的关键点,通过这 4 个点可以建立两条参考线。首先用鼠标左键依次选取图中的关键点,其结果如图 2-2-34 所示,然后在"曲线编辑"工具栏中单击按钮 ✅,完成参考线"1"的创建。

接着单击用户界面最右边"查看"工具栏中"普通阴影"图标 ◼,取消"普通阴影"显示。按下"Shift"键分别选取参考线"1"中的两条直线段后按鼠标右键,在弹出的菜单中选择"显示方向",如图 2-2-35 所示。这时两条线段中部出现箭头。查看箭头方向,确保箭头方向如图 2-2-35 所示。

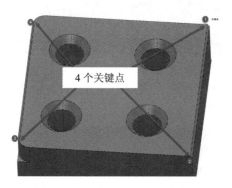

图 2-2-33　建立参考线关键点

图 2-2-34　建立的两条参考线

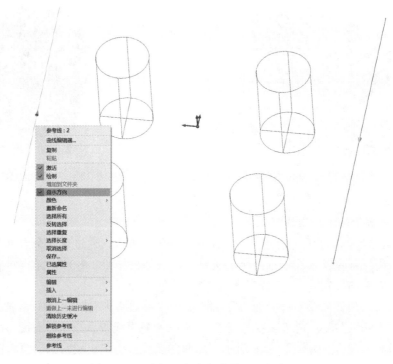

图 2-2-35　选择两条参考线并显示方向

(2) 创建倒角加工刀具路径。

通过策略选择器，选择并打开"平倒角铣削"策略，如图 2-2-36 所示，在"平倒角铣削"对话框中进行如下设置：

❑ "刀具路径名称"改为"8T3NC10-01"。

❑ "刀具"下拉列表中选择"T3NC10"。

单击 ▆▆ 切削距离 标签，在"切削距离"对话框中进行如下设置：

❑ "毛坯深度"设置为"0.5"。

❑ "下切步距"设置为"0.5"。

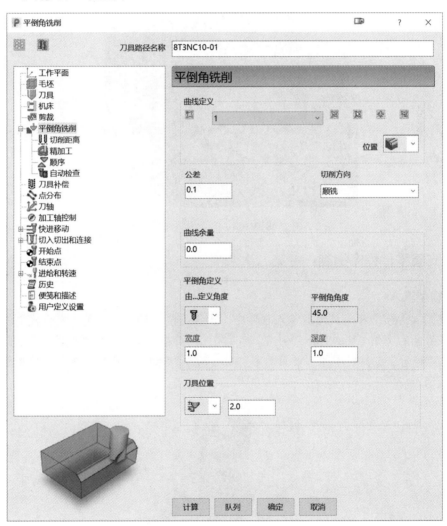

图 2-2-36　"平倒角铣削"对话框

单击"快进移动"标签，在"快进移动"对话框中参照"面铣削"策略设置参数，其余参数默认，设置完毕之后单击"计算"按钮。刀具路径生成之后，单击"关闭"按钮，接着单击用户界面最右边"查看"工具栏中的"ISO1" 图标 ▤，"8T3NC10-01"刀具路径示意图如图 2-2-37 所示。

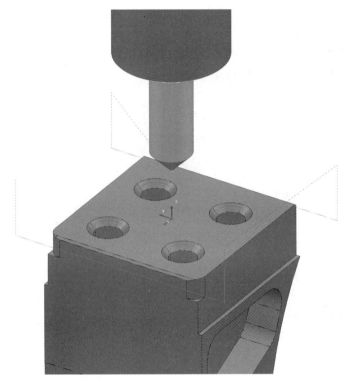

图 2-2-37   "8T3NC10-01" 刀具路径示意图

2.2.4   支架零件程序编制——第二次装夹

1. 模型输入

将支架零件模型和夹具模型输入软件中，操作方法同项目一任务二零件模型的输入，单击用户界面右上角 "ViewCube" 中的 ▦ 视角，接着将 "支架" 与 "夹具体" 前的灯泡点灭，单击 "查看" 工具栏中的 "平面阴影" 图标 ▦，"G54" 工作平面激活后模型显示如图 2-2-38 所示。

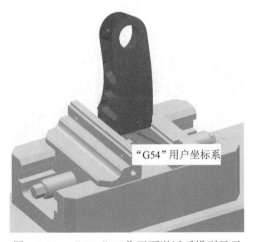

"G54" 用户坐标系

图 2-2-38   "G54" 工作平面激活后模型显示

2．毛坯定义

打开毛坯模型文件"支架-毛坯-第二次装夹.STL"，如图 2-2-39 所示。

图 2-2-39　定义毛坯之后的模型

3．工作平面建立

本次任务使用工作平面"G54"坐标。

4．刀具定义

由表 2-2-2 和 2-2-3 中得知，加工此支架模型共需要 4 把刀具，刀具具体几何参数见表 2-2-8。

表 2-2-8　刀具几何参数　　单位：mm

序号	刀具类型	刀 尖							刀 柄			夹 持			伸出
		名 称	编号	几 何 形 状					尺 寸			尺 寸			
				直径	长度	刀尖半径	锥度	锥高	锥形直径	顶部直径	底部直径	长度	顶部直径	底部直径	长度	
1	立铣刀	T1-EM12	1	12	45					12	12	30	27	27	80	50
2	立铣刀	T2-EM12	2	12	45					12	12	30	27	27	80	50
3	立铣刀	T3-EM8	3	8	30					8	8	30	27	27	80	35
4	定心钻	T4-NC4	4	4	20		45			4	4	30	27	27	80	30
5	钻头	T5-DR6	5	6	50		60			6	6	50	27	27	80	55
6	钻头	T6-DR1.2	6	1.2	30		60			1.2	1.2	30	27	27	80	35

刀具具体创建步骤可以参考"三、支架零件程序编制
——第一次装夹",按表 2-2-5 所示刀具几何参数创建刀具。
设置完成后的 PowerMill 浏览器如图 2-2-40 所示。

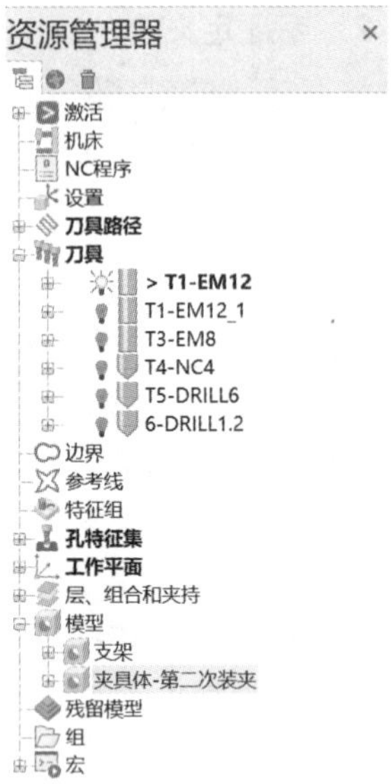

5. 进给率设置

单击用户界面上部"开始"工具栏中的"进给率"图
标,在弹出的对话框中进行如下设置:

❑ "主轴转速"设置为"6500.0"。
❑ "切削进给率"设置为"4000.0"。
❑ "下切进给率"设置为"1000.0"。
❑ "掠过进给率"设置为"6000.0"。

设置完成之后,单击"接受"按钮,就完成了"T1-EM12"
刀具进给率的设置。使用同样方法按表 2-2-5 所示的参数
设置剩下刀具的进给率。

6. 创建刀具路径

1) 创建"支架整体粗加工-1"刀具路径

图 2-2-40   PowerMill 资源管理器

打开"模型区域清除"策略,在"模型区域清除"对话框中进行如下设置:

❑ "刀具路径名称"改为"1T1EM12-C-01"。
❑ "样式"下拉列表中选择"偏移所有"。
❑ "切削方向"下拉列表中都选择"顺铣"。
❑ "公差"设置为"0.1"。
❑ "余量"设置为"0.2"。
❑ "行距"设置为"8.0"。
❑ "下切步距"下拉列表中选择"自动",参数设置为"1.0"。

选择刀具"T1-EM12",在"剪裁"对话框中"毛坯"中的"剪裁"下拉列表中选择"允
许刀具中心在毛坯以外" 🔲 。在"偏移"对话框中进行如下设置:

❑ 将"高级偏置设置"中"删除残留高度"的选中状态取消。
❑ "切削方向"下拉列表中全部选择"顺铣"。
❑ "方向"下拉列表中选择"由外向内"。

在"切入"对话框的"第一选择"下拉列表中选择"斜向"。这时可以单击"斜向选项"
图标 🔷 ,弹出"斜向切入选项"对话框,在此对话框中"第一选择"选项卡中进行如下
设置:

❑ "最大左斜角"设置为"3.0"。
❑ "沿着"下拉列表中选择"刀具路径"。
❑ "圆直径"设置为"0.95"。
❑ "斜向高度"的"类型"下拉列表中选择"段增量"。
❑ "高度"设置为"3.0"。

单击 🔧 刀轴 标签中的"刀轴"选项。在"刀轴"对话框的"刀轴"下拉列表中选择
"垂直"。

单击 **快进移动** 标签，在"快进移动"对话框中设置如下参数：

❑ "安全区域"中的"类型"下拉列表中选择"平面"。

❑ "工作平面"下拉列表中选择"1"。

❑ "快进高度"设置为"135.0"。

❑ "下切高度"设置为"125.0"。

"模型区域清除"对话框的其余参数默认，设置完成之后单击"计算"按钮。刀具路径生成之后，单击"取消"按钮，接着单击用户界面最右边"查看"工具栏中的"ISO1"图标 ，粗加工刀具路径示意图如图 2-2-41 所示。

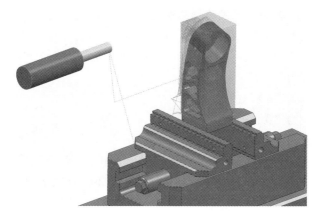

图 2-2-41　"1T1EM12-C-01"刀具路径

2) 创建"支架整体粗加工-2"刀具路径

按照创建"支架整体粗加工-1"刀具路径的步骤，"工作平面"选择"2"。"快进移动"对话框中的"工作平面"选择"2"，"开始点"和"结束点"的坐标 Y 值设置为"-125.0"。设置完成之后单击"计算"按钮。刀具路径生成之后，单击"取消"按钮，接着单击用户界面最右边"查看"工具栏中的"ISO1"图标 ，粗加工刀具路径示意图如图 2-2-42 所示。

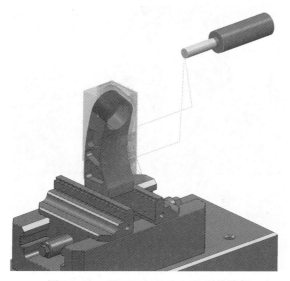

图 2-2-42　"2T1EM12-C-01"刀具路径

3) 建立"ϕ36 型腔粗加工"刀具路径

(1) 建立 ϕ36、ϕ24、ϕ6 和 ϕ1.2 孔特征。

按照第一次装夹孔的创建步骤，分别建立 4 个孔的特征。

(2) 创建"ϕ36 型腔粗加工"刀具路径。

在"钻孔"对话框中进行如下设置：

- "刀具路径名称"改为"3T1EM12-C-01"。
- "循环类型"下拉列表中选择"螺旋"。
- "定义顶部"下拉列表中选择"孔顶部"。
- "操作"下拉列表中选择"钻到孔深"。
- "开始"设置为"0.0"。
- "节距"设置为"1.0"。
- "间隙"设置为"5.0"。
- "深度"设置为"4.8"。
- "公差"设置为"0.1"。
- "余量"设置为"0.2"。

"钻孔"对话框的其余参数默认，设置完成之后单击"计算"按钮。接着单击用户界面最右边"查看"工具栏中"ISO1"图标 ⬡，"3T1EM12-C-01"刀具路径示意图如图 2-2-43 所示。

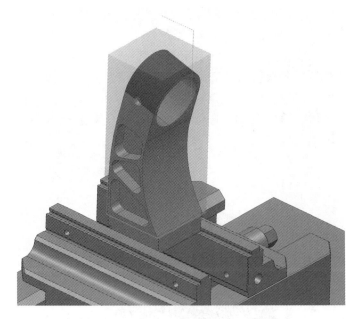

图 2-2-43　"3T1EM12-C-01"刀具路径

4) 建立"ϕ24 型腔粗加工"刀具路径

建立 ϕ24 型腔粗加工程序可以参考建立 ϕ36 型腔粗加工程序的方法。ϕ24 型腔粗加工程序名称为"4T1EM12-C-01"，其结果如图 2-2-44 所示。

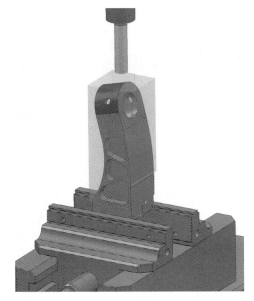

图 2-2-44 "4T1EM12-C-01"刀具路径

5) 建立"外形精加工-1"刀具路径

(1) 辅助曲面模型输入。

将支架零件模型和夹具模型输入软件中，操作方法同项目一任务二零件模型的输入。

(2) 建立"外形精加工-1"刀具路径。

通过"策略选择器"选择并打开"SWARF 精加工"对话框，进行如下设置：

❑ "刀具路径名称"改为"5T2EM12-J-01"。

❑ "曲面侧"下拉列表中选择"外"。

❑ "切削方向"下拉列表中选择"顺铣"。

❑ "公差"设置为"0.002"。

❑ "余量"设置为"0.0"。

选择刀具为"T2-EM12"，在"多重切削"对话框中进行如下设置：

❑ "方式"下拉列表中选择"向上偏移"。

❑ "排序方式"下拉列表中选择"区域"。

❑ "上限"下拉列表中选择"顶部"。

❑ "偏置"设置为"0.0"。

❑ "最大下切步距"设置为"10.0"。

在"切入"对话框的"第一选择"下拉列表中选择"曲面法向圆弧"，并且勾选"增加切入切出到短连接"，单击"切出和切入相同"按钮![icon]，把"切入"的参数全部复制给"切出"，在"第一选择"下拉列表中选择"掠过"，"第二选择"与"默认"下拉列表中都选择"相对"。

在"刀轴"对话框的"刀轴"下拉列表中选择"自动"，在"刀轴光顺"左边打上对钩，如图 2-2-45 所示。

按住键盘中的 Shift 键在用户界面中分别选取图 2-2-46 中的 2 个辅助曲面。

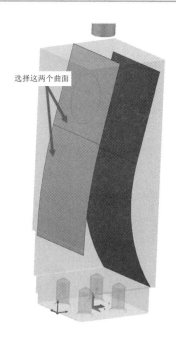

图 2-2-45 "刀轴"选项对话框   图 2-2-46 选取辅助曲面

"SWARF 精加工"对话框的其余参数默认,刀具路径生成之后,单击"关闭"按钮,接着单击用户界面最右边"查看"工具栏中的"ISO1"图标⬢,外侧壁精加工刀具路径示意图如图 2-2-47 所示。

图 2-2-47 "5T2EM12-J-01"刀具路径

6) 建立"外形精加工-2"刀具路径

建立"外形精加工-2"刀具路径可以参考建立"外形精加工-1"刀具路径的方法。选择图 2-2-48 所示的曲面，加工程序名称为"6T2EM12-J-01"，其结果如图 2-2-49 所示。

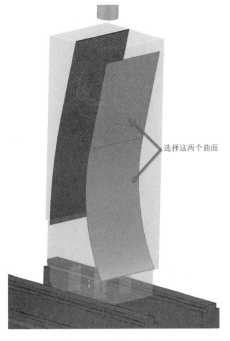

选择这两个曲面

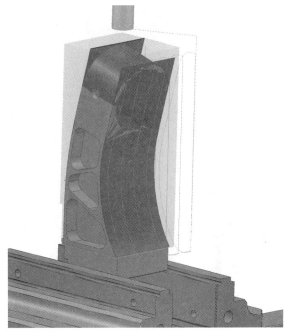

图 2-2-48　选取辅助曲面

图 2-2-49　"6T2EM12-J-01"刀具路径

7）建立"外形精加工-3"刀具路径

建立"外形精加工-3"刀具路径可以参考建立"外形精加工-1"刀具路径的方法。选择图 2-2-50 所示的曲面，加工程序名称为"7T2EM12-J-01"，其结果如图 2-2-51 所示。

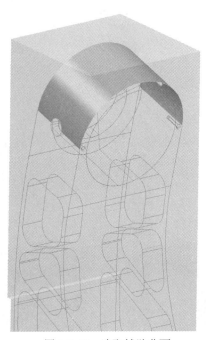

图 2-2-50　选取辅助曲面

图 2-2-51　"7T2EM12-J-01"刀具路径

8) 建立"φ24 型腔精加工"刀具路径

建立"φ24 型腔精加工"刀具路径可以参考建立"外形精加工-1"刀具路径的方法。
选择图 2-2-52 所示的曲面，加工程序名称为"8T2EM12-J-01"，其结果如图 2-2-53 所示。

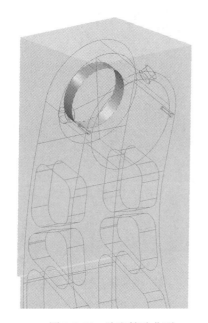 

图 2-2-52 选取辅助曲面   图 2-2-53 "8T2EM12-J-01"刀具路径

9) 建立"φ36 型腔精加工"刀具路径

建立"φ36 型腔精加工"刀具路径可以参考建立"外形精加工-1"刀具路径的方法。
选择图 2-2-54 所示的曲面，加工程序名称为"9T2EM12-J-01"，其结果如图 2-2-55 所示。

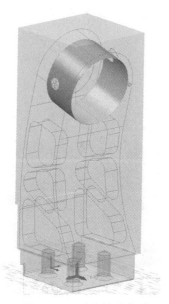 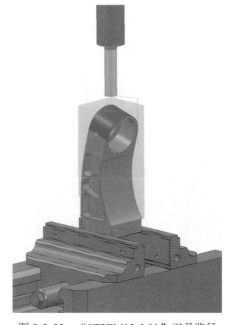

图 2-2-54 选取辅助曲面   图 2-2-55 "9T2EM12-J-01"刀具路径

10) 建立"减重槽侧壁半精加工-1"刀具路径

建立"减重槽侧壁半精加工-1"刀具路径可以参考建立"外形精加工-1"刀具路径的方法。选择图 2-2-56 所示的 3 组曲面,加工程序名称为"10T3EM8-J-01"。"刀具"选择"T3-EM8","工作平面"和"快进移动"中的"工作平面"选择"1","公差"设置为"0.05","余量"设置为"0.2","开始点"的坐标设置为"18.5,125.0,135.0","结束点"的坐标设置为"10.5,125.0,135.0",其结果如图 2-2-57 所示。

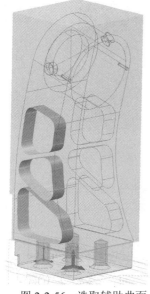 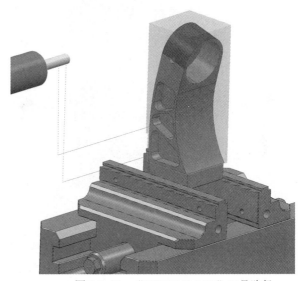

图 2-2-56 选取辅助曲面　　　　　图 2-2-57 "10T3EM8-J-01"刀具路径

11) 建立"减重槽侧壁半精加工-2"刀具路径

建立"减重槽侧壁半精加工-2"刀具路径可以参考建立"减重槽侧壁半精加工-1"刀具路径的方法。选择图 2-2-58 所示的 3 组曲面,加工程序名称为"11T3EM8-J-01"。"刀具"

图 2-2-58 选取辅助曲面

选择"T3-EM8"。"工作平面"和"快进移动"中的"工作平面"选择"2","开始点"的坐标设置为"18.5，−125.0，135.0"，"结束点"的坐标设置为"10.5，−125.0，135.0"，其结果如图 2-2-59 所示。

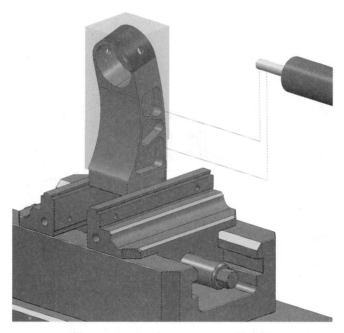

图 2-2-59 "11T3EM8-J-01"刀具路径

12) 建立"减重槽底精加工-1"刀具路径

选择"等高切面区域清除"选项，在此对话框中进行如下设置：

❑ "刀具路径名称"改为"12T3EM8-J-01"。

❑ "等高切面"下拉列表中选择"平坦面"和"偏置所有"。

❑ "切削方向"下拉列表中全部选择"任意"。

❑ "公差"设置为"0.1"。

❑ "余量"设置为径向"0.1"，轴向"0.0"。

❑ "行距"设置为"5.0"。

单击 👤 用户坐标系 标签，在"工作平面"下拉列表中选择"1"。

单击 🔗 剪裁 标签，在"剪裁"对话框中"毛坯"中的"剪裁"下拉列表中选择"允许刀具中心在毛坯之外"选项 🔲，"Z 界限"中"最大"设置为"18.0"。

单击 ▯ 刀具 标签，在"刀具选择"下拉列表中选择"T3-EM8"。

单击 🔵 偏移 标签，在"偏移"对话框中进行如下设置：

❑ "高级偏置设置"中只在"删除残留高度"左边打对勾。

❑ "切削方向"下拉列表中全部选择"任意"。

❑ "方向"下拉列表中选择"由内向外"。

设置结果如图 2-2-60 所示。

偏移

高级偏移设置

☐ 保持切削方向

☐ 螺旋

☑ 删除残留高度

☐ 先加工最小的

切削方向

轮廓
[任意　　　　　　∨]

区域
[任意　　　　　　∨]

方向
[由内向外　　　　∨]

图 2-2-60　"偏移"对话框

单击"等高切面区域清除"标签下的"平坦面加工"选项，如图 2-2-61 所示，打开"平坦面加工"对话框，如图 2-2-62 所示，不激活"多重切削"选项(激活状态为在其左边打上对钩)。在此对话框中进行如下设置：

❑ "进刀余量"设置为"0.05"。

图 2-2-61　"平坦面加工"选项　　　　　　图 2-2-62　"平坦面加工"设置对话框

❑ "平坦面公差"设置为"0.5"。

❑ 勾选"忽略孔"。

❑ "分界值"设置为"5.0"。

单击 刀轴 标签中的"刀轴"选项。在"刀轴"对话框中"刀轴"下拉列表中选择"垂直"。

单击 快进移动 标签，在"移动高度"对话框中进行如下设置：

❑ "安全区域"中的"类型"下拉列表中选择"平面"。

❑ "工作平面"下拉列表中选择"1"。

❑ "快进高度"设置为"135.0"。

❑ "下切高度"设置为"30.0"。

设置结果如图 2-2-63 所示。

"模型区域清除"对话框的其余参数默认，设置完成之后单击"计算"按钮。刀具路径生成之后，单击"关闭"按钮，接着单击用户界面最右边"查看"工具栏中的"ISO1"图标 ，"12T3EM8-J-01"刀具路径如图 2-2-64 所示。

图 2-2-63 "快进移动"对话框

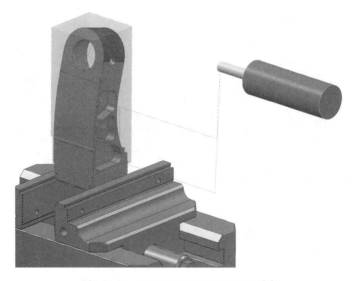

图 2-2-64 "12T3EM8-J-01"刀具路径

13）建立"减重槽底精加工-2"刀具路径

建立"减重槽底精加工-2"刀具路径可以参考建立"减重槽底精加工-1"刀具路径的方法。加工程序名称为"13T3EM8-J-01"。"工作平面"和"快进移动"中的"工作平面"选择"2"，"开始点"的坐标设置为"20.5，−125.0，135.0"，"结束点"的坐标设置为"20.5，−125.0，135.0"，其结果如图 2-2-65 所示。

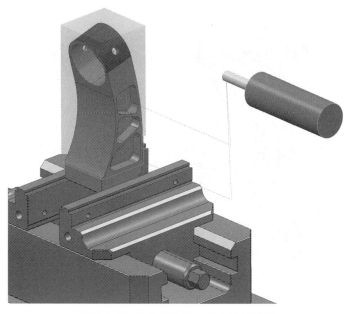

图 2-2-65 "13T3EM8-J-01"刀具路径

14) 建立"减重槽侧壁精加工-1"刀具路径

建立"减重槽侧壁精加工-1"刀具路径可以参考建立"减重槽侧壁半精加工-1"刀具路径的方法。选择图 2-2-56 所示的 3 组曲面,加工程序名称为"14T3EM8-J-01"。"公差"设置为"0.005","余量"设置为"0.0",最后刀具路径结果如图 2-2-66 所示。

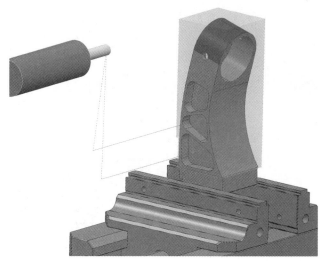

图 2-2-66 "14T3EM8-J-01"刀具路径

15) 建立"减重槽侧壁精加工-2"刀具路径

建立"减重槽侧壁精加工-2"刀具路径可以参考建立"减重槽侧壁半精加工-2"刀具路径的方法。加工程序名称为"15T3EM8-J-01"。"公差"设置为"0.005","余量"设置为"0.0",最后刀具路径结果如图 2-2-67 所示。

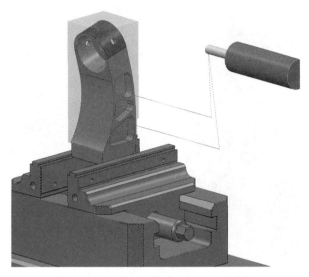

图 2-2-67   "15T3EM8-J-01" 刀具路径

16) 建立"连接部分精加工-1"刀具路径

建立"连接部分精加工-1"刀具路径可以参考建立"减重槽底精加工-1"刀具路径的方法。加工程序名称为"16T3EM8-J-01"。"行距"设置为"6.0"，余量设置为"0.0"，"偏移"对话框中的"方向"选择"由外向内"，"开始点"和"结束点"的坐标分别设置为"42.5，125.0，135.0"和"16.5，125.0，135.0"。

最后刀具路径结果如图 2-2-68 所示。

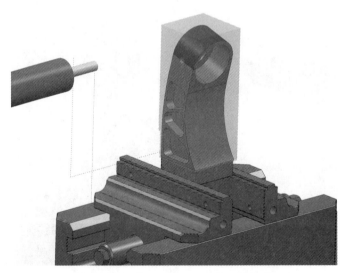

图 2-2-68   "16T3EM8-J-01" 刀具路径

17) 建立"连接部分精加工-2"刀具路径

建立"连接部分精加工-2"刀具路径可以参考建立"减重槽底精加工-2"刀具路径的方法。加工程序名称为"17T3EM8-J-01"。"行距"设置为"6.0"，余量设置为"0.0"，"偏移"对话框中的"方向"选择"由外向内"，"开始点"和"结束点"的坐标分别设置为"42.5，

–125.0，135.0"和"16.5，–125.0，135.0"。

最后刀具路径结果如图 2-2-69 所示。

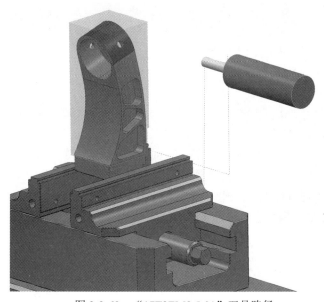

图 2-2-69　"17T3EM8-J-01"刀具路径

18) 建立"支架顶部 4 个孔定心"刀具路径

单击用户界面上部"开始"工具栏中的"刀具路径策略"图标，弹出如图 2-2-70 所示的"策略选择器"对话框。单击"钻孔"标签，然后选择"钻孔"选项，单击"接受"按钮将弹出如图 2-2-71 所示的"钻孔"对话框。

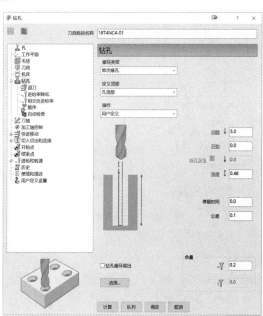

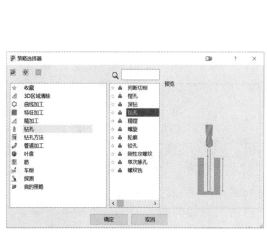

图 2-2-70　"策略选择器"对话框　　　　　图 2-2-71　"钻孔"对话框

在此对话框中设置如下参数：

- ❑ "刀具路径名称"改为"18T4NC4-01"。
- ❑ "循环类型"下拉列表中选择"单次啄孔"。
- ❑ "定义顶部"下拉列表中选择"孔顶部"。
- ❑ "操作"下拉列表中选择"用户定义"。
- ❑ "间隙"设置为"5.0"。
- ❑ "深度"设置为"0.48"。
- ❑ "公差"设置为"0.1"。
- ❑ "余量"设置为"0.2"。

在"钻孔"对话框中，单击 🔧 **孔** 标签，在"孔"对话框中"特征集"下拉列表中选择"3"，如图 2-2-72 所示。

单击 📐 **工作平面** 标签，在"工作平面"下拉列表中选择"G54"。

单击 🔩 **刀具** 标签，在"钻头"对话框中的刀具选择下拉列表中选择刀具"T4-NC4"，如图 2-2-73 所示。

图 2-2-72 孔特征选择

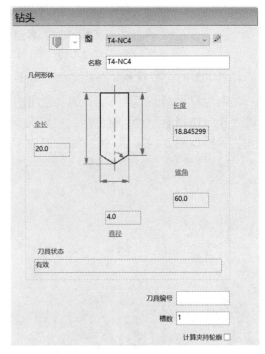

图 2-2-73 刀具选择

单击 🔧 **钻孔** 标签，在"钻孔"对话框中单击 选择... 按钮，弹出图 2-2-74 所示的"特征选择"对话框。在此对话框中"选择过滤器"标签内设置为"6"和"1.2"。单击"选择"完成孔的选择，再单击"关闭"按钮，回到"钻孔"对话框。

单击 📐 **刀轴** 标签中"刀轴"选项。在"刀轴"对话框的"刀轴"下拉列表中选择"垂直"。

单击 ⬆ **快进移动** 标签，在"快进移动"对话框中进行如下设置：

- ❑ "安全区域"中的"类型"下拉列表中选择"平面"。

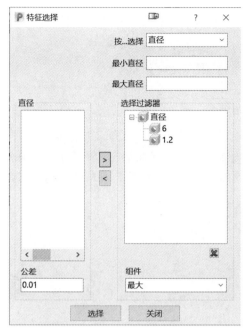

图 2-2-74 "特征选择"对话框

❏ "工作平面"下拉列表中选择"G54"。

❏ "快进高度"设置为"135.0"。

❏ "下切高度"设置为"125.0"。

设置结果如图 2-2-75 所示。

图 2-2-75 "快进移动"参数设置

单击  标签中的"连接"选项。在弹出的"连接"对话框中进行如下设置：

- ❑ "第一选择"下拉列表中选择"掠过"。
- ❑ "第二选择"下拉列表中选择"相对"。
- ❑ "默认"下拉列表中选择"安全高度"。

设置结果如图2-2-76所示。

"钻孔"对话框的其余参数默认，设置完成之后单击"计算"按钮。刀具路径生成之后，单击"关闭"按钮，接着单击用户界面最右边"查看"工具栏中"ISO1"图标 ⬡，用户界面产生如图2-2-77所示的"13T3NC6-01"刀具路径示意图。

图2-2-76　钻孔"连接"设置

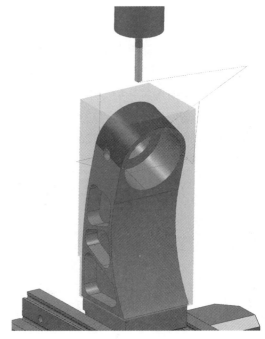

图2-2-77　"18T4NC4-01"刀具路径

19) 创建"2个ϕ6mm的孔"刀具路径

参照"18T4NC4-01"刀具路径建立方法，在"钻孔"对话框中进行如下设置：

- ❑ "刀具路径名称"设置为"19T5DR6-01"。
- ❑ "刀具"下拉列表中选择"T5-DR6"。
- ❑ "循环类型"下拉列表中选择"深钻"。
- ❑ "操作"下拉列表选择"通孔"。
- ❑ "间隙"设置为"5.0"，"啄孔深度"设置为"1.0"，"公差"设置为"0.01"。
- ❑ 单击"选择"按钮，弹出"特征选择"对话框，选择6 mm孔特征。

单击"关闭"，回到"钻孔"对话框。

最后单击"计算"→"关闭"按钮，接着单击用户界面最右边"查看"工具栏中"ISO1"图标 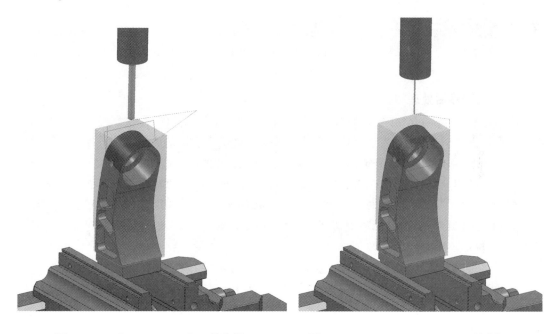，用户界面产生如图 2-2-78 所示的"19T5DR6-01"刀具路径示意图。

20) 创建"2 个 ϕ1.2 mm 的孔"刀具路径

参照"19T6DR6-01"刀具路径建立方法，在"钻孔"对话框中进行如下设置：

❑ "刀具路径名称"设置为"20T6DR1.2-01"。

❑ "刀具"下拉列表中选择"T6-DR1.2"。

❑ "循环类型"下拉列表中选择"深钻"。

❑ "操作"下拉列表中选择"全直径"。

❑ "间隙"设置为"5.0"，"啄孔深度"设置为"0.5"，"公差"设置为"0.01"。

❑ 单击"选择"按键，弹出"特征选择"对话框，选择 1.2 mm 孔特征。

单击"关闭"，回到"钻孔"对话框。

最后单击"计算"→"关闭"按钮，接着单击用户界面最右边"查看"工具栏中"ISO1"图标 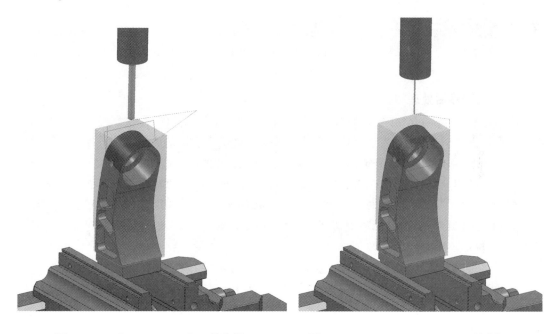，用户界面产生如图 2-2-79 所示的"20T6DR1.2-01"刀具路径示意图。

图 2-2-78　"19T5DR6-01"刀具路径　　　　图 2-2-79　"20T6DR1.2-01"刀具路径

2.2.5　支架铣削加工程序检查及后处理

1. 刀具路径仿真

将鼠标移至 PowerMill 资源管理器中"刀具路径"下的"1T1EM12-C-01"，单击鼠标右键选择"自开始仿真"选项，接着打开"ViewMill"工具栏，然后选择"模式"中的"固定方向"，这时绘图区进入仿真界面，如图 2-2-80 所示。

单击"仿真"工具栏中的"运行"图标![运行], 执行"1T1EM12-C-01"刀具路径的仿真, 仿真结果如图 2-2-81 所示。

依据上述仿真方法, 分别仿真其他刀具路径, 其最终仿真结果如图 2-2-82 所示。

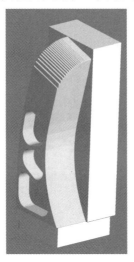

图 2-2-80　仿真界面　　　图 2-2-81　刀具路径"1T1EM12-C-01"　　图 2-2-82　刀具路径最终
　　　　　　　　　　　　　　　　　　仿真　　　　　　　　　　　　　　　仿真结果

2. 加工程序后处理

将鼠标移至 PowerMill 资源管理器中的"NC 程序", 单击鼠标右键, 选择"首选项"选项, 将弹出"NC 首选项"对话框, 单击"输出文件夹"右边的"浏览选取输出目录"图标![图标], 选择路径 E:\NC, 接着单击"机床选项文件"右边的"浏览选取读取文件"图标![图标], 选择要使用的机床后置文件 GFMillP500.pmoptz 并打开, 单击"输出工作平面"的下拉菜单, 选择"G54", 然后单击"关闭"。将鼠标移至 PowerMill 资源管理器刀具路径"1T1EM12-C-01", 单击鼠标右键选择"产生独立的 NC 程序"选项, 然后对其余刀具路径进行同样的操作。

最后将鼠标移至"NC 程序", 单击鼠标右键, 选择"写入所有"选项, 如图 2-2-83 所示, 程序自动运行产生 NC 代码。完毕之后在文件夹 E:\NC 下将产生 20 个 tap 格式的文件: 1T1EM12-C-01.tap、2T1EM12-C-01.tap 等。读者可以通过记事本分别打开这 20 个文件, 查看 NC 数控代码。

3. 保存加工项目

单击用户界面上部菜单"文件"→"保存", 弹出如图 2-2-84 所示的"保存项目为"对话框, 在"保存在"文本框中输入路径 D:\TEMP\支架-第二次装夹, 然后单击"保存"按钮。

此时可以看到在文件夹 D:\TEMP 下将存在项目文件"支架-第二次装夹"。项目文件的图标为![图标], 其功能类似于文件夹, 在此项目的子路径中保存了这个项目的信息, 包括毛坯信息、刀具信息和刀具路径信息等。

图 2-2-83　写入 NC 程序　　　　　　图 2-2-84　"保存项目为"保存对话框

任务 2.3　支架仿真加工训练

2.3.1　机床操作准备

操作机床前的准备工作有两项：

(1) 打开软件，新建工程文件，将 MIKRO 500U 五轴机床调入软件工作区，控制系统为 HEIDENHAIN 530，完成机床初始化操作。

(2) 第一次装夹设置毛坯和夹具。单击"设置毛坯"图标 ，选"异型毛坯"，需要在建模软件上设计出毛坯和夹具，将其导出为 STL 格式，点击 □□ 按钮将毛坯与夹具分别导入即可，如图 2-3-1 所示。注意：导出夹具和毛坯时，需要夹具底面中心在世界坐标系上。这里毛坯即使是方坯也需要和专用夹具一同导入 STL 文件。为避免主轴与转台发生干涉将夹具垫高 60 mm。

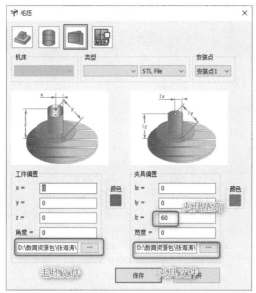

图 2-3-1 毛坯及夹具加载

2.3.2 刀具准备

1. 设置刀具

单击"设置刀具"图标，弹出"机床刀具"对话框，如图 2-3-2 所示。创建加工用刀具：T1-ϕ12 mm(伸 130 mm)，右击刀具号码"T1"，选择"设定"，弹出"刀具选择"对话框，选择"立铣刀"选项，单击选择"立铣刀 12.0"，单击"确定"关闭"刀具选择"对话框。单击"编辑"按钮，如需修改，点击相应参数后进行修改，再单击"保存"，其他刀具设置方法参照上述操作。注意：刀柄直径为 28，此项值不可修改。

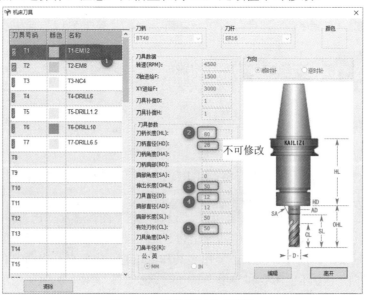

图 2-3-2 刀具库创建对话框

2．建立刀具长度

在刀具库中定义好相应刀具之后，点击"手动操作"按钮█，单击 🗌 下方按钮█，可进入刀具信息参数表，再单击 🗌 下方按钮，切换到"开启"模式，对刀具信息参数表进行编辑修改。以 1 号刀为例，单击功能栏 🗌 图标，查看 1 号刀具信息中"HL"和"OHL"这两个参数，相加就是理论刀长，将此刀长值输入到刀具表 1 号刀位置，通过数字键和方向键对当前刀具总长参数进行修改，输入刀长，如图 2-3-3 所示。

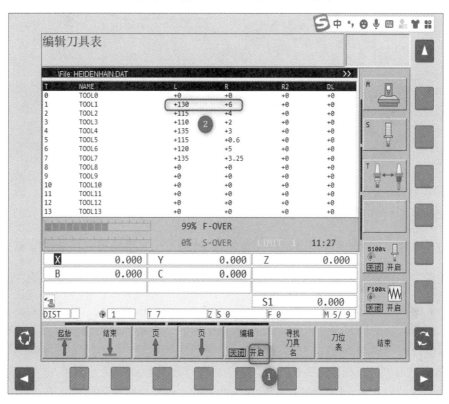

图 2-3-3　控制器刀具参数设置

3．刀长自动测量

利用 MDI 方式█，通过手工编程方式输入刀长自动测量循环指令，首先单击按键█(TOUCH PROBE)，调出测量循环指令选项列表，单击图标 🗌 下方按键█，自动输入测量循环 481，连续单击按键█(ENT)，设置参数值为默认，单击按键█，将光标移动到第一行，然后单击按键█(TOOL CALL)插入刀具调动指令，单击顺序输入刀号 1，转速 S100，连续单击 ENT 键，完成输入。单击程序启动键█，进行刀具调取以及刀长的自动测量。完成上述操作后，进入刀具表信息界面，此时显示的刀具长度即为实际刀具总长，如图 2-3-4 所示。对 2、3、4、5、6、7 号刀依次进行刀长测量。

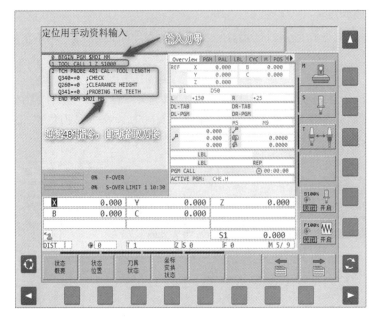

图 2-3-4　手工编程自动测量刀长

2.3.3　装夹及找正准备

单击菜单栏上的 ![icon] 图标隐藏附件，单击按键 ![icon]，进入手动模式，单击屏幕控制面板上右侧面板中的 ![icon] 和 ![icon] 按键，利用"前视图"和"右视图"切换方位，通过"手动"和"手轮"方式进行轴向移动，如图 2-3-5 所示。当切削到工件上表面时，再单击"改变原点"按钮，将光标移至夹具顶端点击 ![icon] 光标后，单击"编辑当前字段"按钮，修正 Z 轴坐标值，将当前 Z 轴值加上偏移值 2，这是毛坯上表面切削深度。将对应坐标系的 X 和 Y 轴处设置为"0"，如图 2-3-6 所示。单击"保存当前原点"后，再单击"激活原点"，激活刚刚创建的坐标系，然后将刀具远离工件表面，点击"主轴停止"按钮。

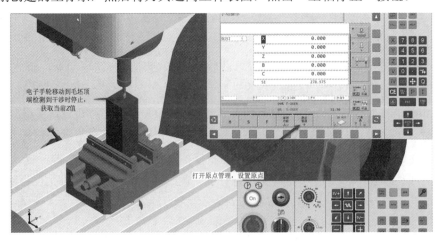

图 2-3-5　坐标原点创建

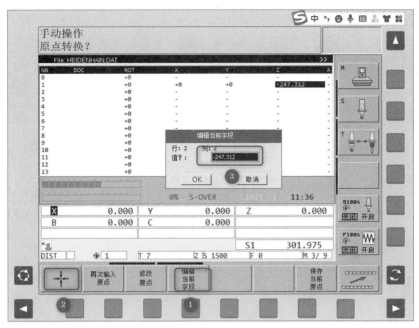

图 2-3-6　设置坐标系

2.3.4　零件仿真加工

1. 导入 NC 程序

将 CAM NC 代码拷贝到 TNC 文件夹之下，路径为：D:\Program Files\HuiMaiTechSim\Controller\Heidenhain\TNC，如图 2-3-7 所示。

名称	修改日期	类型	大小
1chu.h	2021/4/22 13:51	C/C++ Header	463 KB
2banjing'.h	2021/4/22 13:51	C/C++ Header	946 KB
2jing.h	2021/4/22 13:51	C/C++ Header	908 KB
4.h	2021/4/27 16:50	C/C++ Header	180 KB
4G.h	2021/4/28 11:33	C/C++ Header	180 KB
5.h	2021/4/27 16:50	C/C++ Header	2,020 KB
5G.h	2021/4/28 11:34	C/C++ Header	2,020 KB
5X_PC_SELECTED_FACES.H	2020/10/19 13:51	C/C++ Header	0 KB
6qinggen.h	2021/4/28 11:34	C/C++ Header	181 KB
48.h	2021/4/22 13:51	C/C++ Header	14 KB
60P_1chu.h	2021/5/11 15:39	C/C++ Header	459 KB
60P_2banjing.h	2021/5/11 15:39	C/C++ Header	957 KB
60P_3jing.h	2021/5/11 15:39	C/C++ Header	1,855 KB
60P_4kezi.h	2021/5/11 15:39	C/C++ Header	15 KB
60p_gunzhou_1.h	2021/5/11 14:12	C/C++ Header	178 KB
60p_gunzhou_2.h	2021/5/11 14:12	C/C++ Header	2,019 KB
60p_gunzhou_3qinggeng.h	2021/5/11 14:13	C/C++ Header	180 KB
CHE.H	2022/7/5 9:23	C/C++ Header	103 KB
Rough.h	2022/1/9 12:58	C/C++ Header	255 KB

图 2-3-7　NC 程序导入

2．调用加工程序

单击自动运行按钮 ，单击程序管理按钮 ，鼠标双击需要导入的程序，单击加工运行按钮 ，如图 2-3-8 所示。

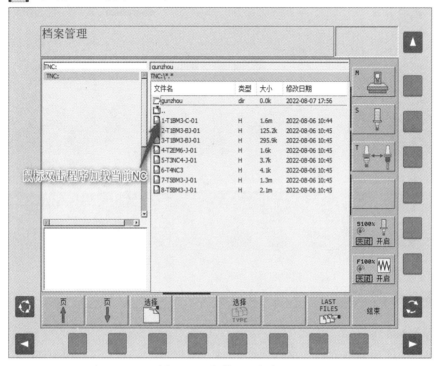

图 2-3-8　加载 NC 程序

3．程序运行加工

单击倍率调节按钮 ，通过调节倍率按钮来调节加工时 G00、G01 的速度，如图 2-3-9 所示。也可以通过软件模拟速度进度调整进给速度，指针到数字 8 为最快。

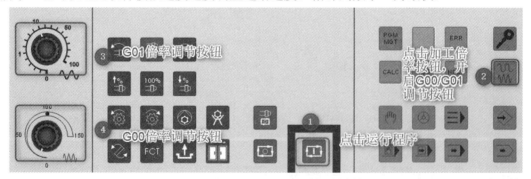

图 2-3-9　G01、G00 倍率调节

4．模拟结果

通过前面的机床相关操作，多轴机床根据 NC 代码进行模拟加工，加工过程中无报警、过切现象，如图 2-3-10 所示。

图 2-3-10　第一次装夹仿真结果

5．保存工程文件

单击"文件"菜单，选择"另存为"，即可保存至指定路径，如图 2-3-11 所示。

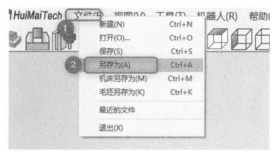

图 2-3-11　保存项目

6．第二次装夹设置毛坯和夹具

如图 2-3-12 所示，将第一次装夹加工完成的毛坯另存为第二次装夹的毛坯文件。通过造型软件打开此文件并将此文件倒置之后再保存。单击"设置毛坯"图标  这段应在下文，选"异型毛坯"，点击 按钮将上述毛坯与夹具分别导入即可，为避免主轴与转台发生干涉将夹具垫高 60 mm。

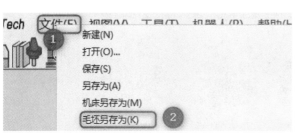

图 2-3-12　新建毛坯及装夹

7．第二次装夹重新找正，设置 G54 坐标系

通过装夹找正得到毛坯上表面的 Z 值，再通过理论值偏移 X 值 20.58，Z 值 123，得到如图 2-3-13 所示的坐标系原点。

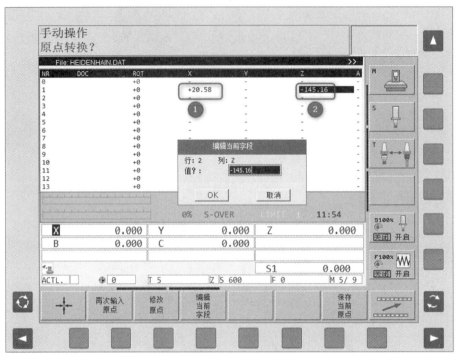

图 2-3-13　重新找正

8．第二次装夹仿真

将第二次装夹的 NC 导入指定的目录 D:\Program Files\HuiMaiTechSim\Controller\Heidenhain530\TNC，依次进行仿真，得到如图 2-3-14 所示的仿真结果。

图 2-3-14　第二次装夹仿真结果

2.3.5　零件检测

1.　进入测量模式

点击菜单栏上的 图标，进入 3D 工件测量模式，此状态将抓取加工剩余残料到测量软件中，如图 2-3-15 所示。

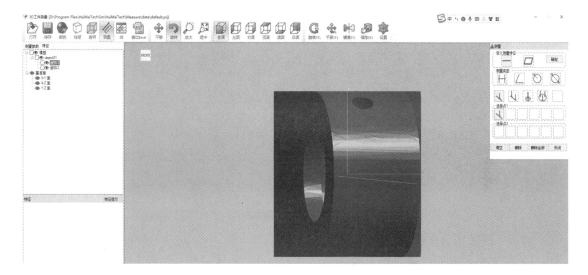

图 2-3-15　3D 工件测量模式

2.　测量特征

通过软件中"平移""旋转""缩放"等功能调整视图到合适的位置。如图 2-3-16 所示，在右侧测量窗口中，"测量类型"选择"圆直径"，在"选择特征"中取消其他已选择的抓取特征模式，选择"单点抓取"，抓取内圆柱上的三点。在弹出窗口的下方点击"拾取平面"，在视图窗口抓取上圆，点击"确定"。在窗口的左下角输入圆柱的理论值及上下公差，得到图 2-3-17 所示的测量结果。

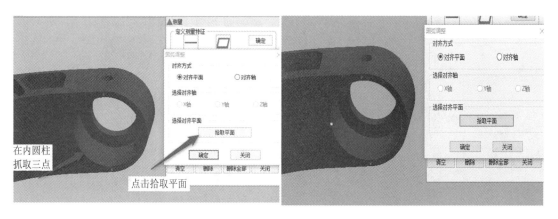

图 2-3-16　测量特征孔径

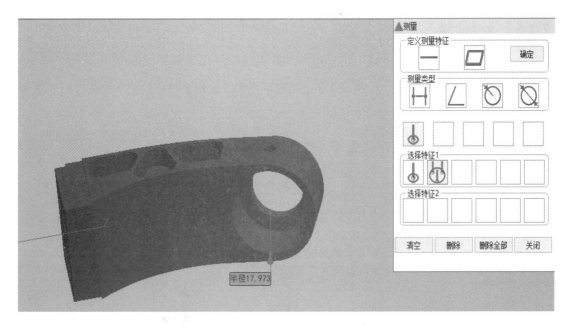

图 2-3-17　测量结果

3. 多特征报告生成

如图 2-3-18 所示，通过测量窗口选择需要测量的类型，然后在特征中选择需要抓取的特征，为保持抓取的准确性，保持抓取特征只有一种即可。我们分别选择凸台的两个加工面特征计算两个平面距离，选择类型孔的直径，连续抓取孔特征。在左侧的窗口"测量参数"中，右键单击特征可以对测量特征进行删除、隐藏操作。将所需测量特征抓取完毕后，在菜单栏点击 图标输出 Excel 报告，如图 2-3-19 所示。

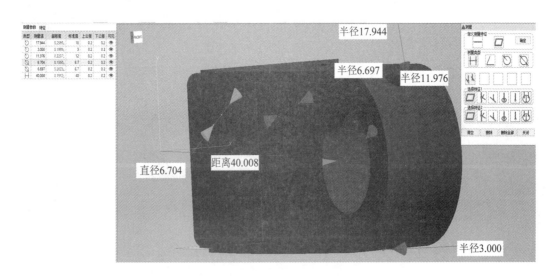

图 2-3-18　测量视图

序号	类型	测量值	超差值	标准值	上公差	下公差	评分
				HuiMaiTechSim测量数据			
日期	2022-10-06 12:31:57			零件名称	object01		
1	半径	17.944	0.255	18	0.2	0.2	
2	半径	3.000	0.199	3	0.2	0.2	
3	半径	11.976	0.223	12	0.2	0.2	
4	直径	6.704	0.195	6.7	0.2	0.2	
5	直径	6.697	0.202	6.7	0.2	0.2	
6	距离	40.008	0.191	40	0.2	0.2	

图 2-3-19　测量报告

项 目 总 结

改革开放 40 多年以来，人们的生活质量水平在不断提升，工业发展也在进步之中，为了满足工业发展以及现代化建设的需求，对于支架类零件机械加工工艺及工装设计提出了更高的要求。中国的机械制造业要想跟上时代的步伐，需要将零件机械的加工工艺与工装设计进行升级与优化。针对支架类零件的优化升级主要是突出零件的稳定性、可操作性，提升承受力，根据技术要求来对机械零件的设计进行创新，在市场上，零件的应用越来越广泛，零件设计应更加注重工艺性。本任务对支架类零件机械加工工艺及工装设计进行了深入的探究与分析。

机械制造业是我国的经济支柱产业，中国制造的名号已经在全球范围内得到了广泛认可和信任。支架类零件是机械制造的一部分，具有耐磨性好、强度高的优点，不管是传统的重型工业还是现代轻工业制造都离不开支架零件的应用。支架类零件的应用范围在不断扩展，机械设备制造、电子设备制造、纺织工业、采矿行业、汽车制造以及航空航天建设等领域都对支架类零件有着大量需求。在支架类零件机械加工的工艺上进行升级与创新可以在很大程度上提升机械制造业的整体水平。

思 政 小 课 堂

新一代长征五号运载火箭是我国目前设计运载能力最大的火箭，是我国火箭发展中里程碑式的产品，也是我国未来天宫空间站建设的主力运载工具。大火箭需要大发动机，而大发动机的制造需要顶尖科学家和工程师，同样也需要一线技术工人。高凤林就是这样一位技术工人。他参与焊接的火箭发动机有 140 多台，占中国火箭发射的一半之多，是火箭关键部位焊接的中国第一人。

高凤林

高凤林从未止步于自己的荣誉，总是在挑战极限。数千、数万次的精密焊接操作，连续 10 分钟不眨眼的高度紧张，对普通人来说几乎是无法完成的任务。四十多年来，高凤林凭借一双巧手，将无数火箭送上了天。高凤林所焊接的地方，是火箭的"心脏"，也是我国航天事业的关键所在。

党的二十大着重强调，要深入实施人才强国战略。培养造就大批德才兼备的高素质人才，是国家和民族长远发展的大计。"功以才成，业由才广。"党的人才工作的重要原则和战略布局是：坚持党管人才原则；坚持尊重劳动、尊重知识、尊重人才、尊重创造；实施更加积极、更加开放、更加有效的人才政策；引导广大人才爱党报国、敬业奉献、服务人民；完善人才战略布局；坚持各方面人才一起抓；建设规模宏大、结构合理、素质优良的人才队伍。

高凤林把人生中近八成的时间都用在工作上，这也是他能获得如此高成就的原因。他为社会主义建设事业做出了突出贡献，推动"中国制造"向"中国创造"转变，让中国重新影响了世界。如果人人都能像高凤林那样，对工作一丝不苟，兢兢业业，那么中国迈入制造业强国的行列就指日可待。

课 后 习 题

一、填空题

1. 根据不同的精度需求，双转台结构五轴机床可以选择摆动轴_____驱动和_____驱动两种形式。

2. 刀轴俯垂型结构又称为_____摆头结构，即构成旋转轴部件的轴线(B 轴或者 A 轴)与 Z 轴成_____夹角。

3. 五轴同步加工能够使刀具上某一最佳切削位置始终参与加工，实现曲面_____，极大地提高了整体叶轮的曲面_____和叶轮在使用中的工作_____。

4. 一般箱体零件的每个面都有待加工内容，因此此类零件的加工一般需要制作_____夹具，对零件进行多工序加工，以满足_____和_____等要求。

5. SINUMERIK 840D sl 系统的 CYCLE800 定向功能将坐标系_____、_____、_____以及_____和_____等功能合理地结合为一个模块，有效地降低了五轴定向加工的_____难度。

6. 五轴加工工艺系统包括_____系统、_____系统和_____系统。

7. HSK 工具系统是一种新型的高速短锥型刀柄，其主轴接口采用_____和_____同时定位的方式，刀柄_____，锥体_____，锥度为_____。

8. 平口钳是五轴加工中最常用的夹具，主要由_____、_____、_____、_____等部分组成。

9. 数控机床的在线检测系统由_____和_____组成，其硬件部分通常由以下几部分组成：_____、数控系统、_____、_____。

二、简答题

1. 举例说明常用的三种五轴数控机床的结构形式，并分别说明其结构特点。

2. 列举三个五轴加工技术的应用领域，并分别说明各领域的零件特点。

3. 列举五轴定向加工和五轴同步加工的特点。

4. 叙述何为五轴定向加工，何为五轴同步加工。

5. 列举五轴加工的常用编程方式及特点。

6. 简述专用夹具的六个组成部分。

项目三

端盖铣削编程加工训练

 学习目标

知识目标

- 了解端盖零件的结构；
- 掌握端盖零件的机械加工工艺要点；
- 掌握 PowerMill 软件多轴加工策略。

能力目标

(1) 能合理地选择端盖零件的定位基准；
(2) 能合理地安排端盖零件的加工工序；
(3) 能合理地使用端盖零件的加工余量；
(4) 能根据工艺安排建立工件坐标系；
(5) 能导入夹具数字模型；
(6) 能根据夹具图安装、调整和找正零件；
(7) 能通过相应的后置处理文件生成数控加工程序，并运用机床加工零件。

素养目标

(1) 培养科学精神和态度；
(2) 培养工程质量意识；
(3) 培养团队合作能力。

思维导图

学习检测评分表

任 务		目标要求与评分细则	分值	得分	备注
任务 3.1 (学习关键知识点)	知识点	① 刀轴矢量的控制方法(4 分) ② Swarf 多轴策略的特点(4 分) ③ 常用五轴刀柄的特点(4 分)	20		
	技能点	① 掌握五轴刀轴矢量的应用(4 分) ② Swarf 多轴策略的应用(4 分)			
任务 3.2 (工艺准备)	知识点	五轴加工夹具的选择(5 分)	40		
	技能点	① 熟悉工艺夹具的安装要求(5 分) ② 编写加工工艺文件(10 分) ③ 能根据端盖模型编制粗加工程序(10 分) ④ 能根据端盖模型编制精加工程序(10 分) ⑤ 能根据不同的机床选择相应的后置处理文件并将刀轨文件转换成机床执行代码(5 分)			
任务 3.3 (仿真训练)	知识点	五轴机床的选择(5 分)	40		
	技能点	① 熟悉机床开机和关机过程(5 分) ② 夹具的安装(10 分) ③ 刀柄与刀具的设置(10 分) ④ 工件坐标系的确定(5 分) ⑤ 程序的调入与执行(5 分)			

任务 3.1　　刀轴矢量与多轴加工策略

3.1.1　五轴刀轴矢量控制

1. 刀轴矢量控制概述

刀轴矢量是指加工中刀具旋转中心线的长度及其方位、方向。从几何上分析，装在机床主轴上的刀具的轴线是一个矢量。几何知识已经告诉我们，矢量是同时具有长度和方向的一种几何要素。

1) 定义刀轴指向的主要方法

结合机床结构，定义刀轴指向的主要方法有以下几种：

(1) 与机床 Z 轴平行。例如三轴铣床加工时，刀轴与机床 Z 轴一般是共线的。

(2) 与空间中的某条直线(轴或平面)成一定夹角。例如定义刀轴指向与 XOZ 平面成 45° 夹角。

(3) 由空间中的两个点来定义直线的朝向。例如设置一个固定点，另一个点则为零件表面上的某一个点。

(4) 定义该直线在 X、Y、Z 轴上的单位向量分量 I、J、K 的值。例如，定义 $I=1$、$J=0$、$K=0$ 的一条直线，这直线与 X 轴保持平行。

加工过程中的刀轴角度如图 3-1-1 所示。

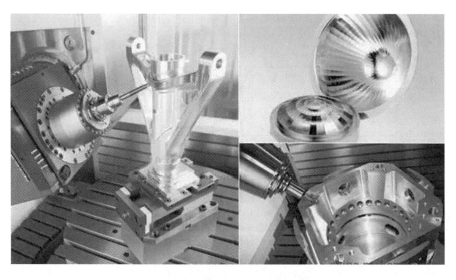

图 3-1-1　加工过程中的刀轴角度

2) 刀轴矢量控制命令

将上述方法具体化，即成为软件中的刀轴矢量控制命令。为了更好地理解刀轴矢量，下面以 PowerMill 软件系统为基础介绍刀轴矢量。PowerMill 所定义的刀轴矢量是从刀具的刀柄中心到刀尖中心连线的矢量。PowerMill 软件提供了丰富的控制刀轴矢量的方法，包括垂直、前倾/侧倾、朝向点、来自点、朝向直线、来自直线、朝向曲线、来自曲线、固定方向和自动等 10 种。单击用户界面上部"开始"工具栏中"刀具路径设置栏"中的"刀轴"图标，打开"刀轴"对话框，如图 3-1-2 所示。

图 3-1-2　刀轴矢量

在图 3-1-2 所示"刀轴"对话框中，共有五个选项卡，它们的主要功能如下：

(1) 定义：控制刀轴的朝向。刀轴默认的朝向是垂直，用于标准的三轴加工。

(2) TAulimits：用于控制刀具路径加工的极限角度，因此也就控制了刀轴的运动角度范围。在"定义"选项卡的左下角勾选"刀轴限界"复选框后，可激活"TAulimits"选项卡。

(3) 碰撞避让：倾斜刀轴以避免刀具及其夹持与零件发生碰撞。在"定义"选项卡的左下角勾选"自动碰撞避让"复选框后，可激活"碰撞避让"选项卡。

(4) 光顺：将刀轴朝向变化速度以及其位置改变最小化，以使刀轴连续、光滑地运动。在"定义"选项卡的左下角勾选"刀轴光顺"复选框后，可激活"光顺"选项卡。

(5) 加工轴控制：通过将刀轴矢量对齐于某一特定方向来控制刀轴。刀路保持不变，但是刀具与工件的接触点随着刀轴朝向的改变而发生变化。

在系统默认值设置状态下，刀轴指向为垂直，即刀轴与机床工作台垂直，与机床 Z 轴平行，用于三轴编程的情况。

2. 刀轴前倾与侧倾控制

刀轴的前倾和侧倾是指刀轴相对于生成刀路的轨迹，在每个点上保持固定的角度，这些角度与刀具轨迹上该点的方向成固定关系。前倾的情况如图 3-1-3 所示，侧倾的情况如图 3-1-4 所示。前倾角是沿着刀具路径前进的方向定义一个刀轴倾斜角度。沿着刀具路径前进的方向看，刀具向前倾斜的角度称为前倾角的正角度。侧倾角是在刀具路径前进方向的垂直方向定义一个刀轴倾斜角。沿着刀具路径前进的方向看，刀具向左侧倾斜的角度称为侧倾角的正角度。

图 3-1-3 　 刀轴前倾 30° 的情况　　　　　　　图 3-1-4 　 刀轴侧倾 30° 的情况

3. 刀轴朝向点与来自点控制

刀轴朝向点和刀轴来自点是指刀轴矢量将保持通过编程工程师设定的一个固定点，刀具将保持指向该固定点。在加工过程中，刀轴的角度是连续变化的，它的实现方式是机床主轴头连续运动，而刀具的刀尖部位保持相对静止，如图 3-1-5 和图 3-1-6 所示。朝向点刀轴矢量控制方法适用于凸模型的加工，特别是带有陡峭凸壁、负角面特征零件的加工，而在零件上负角面特征的精加工中，往往会使用投影精加工策略来计算刀具路径，因此多数情况下，"朝向点"选项是配合点投影精加工策略一起使用的。

 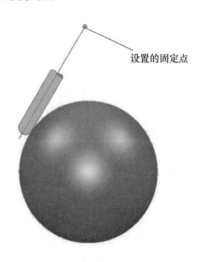

图 3-1-5 　 刀轴朝向点控制　　　　　　　　图 3-1-6 　 刀轴来自点控制

刀轴来自点与刀轴朝向点的刀轴矢量控制方法类似，都是使刀轴通过一个由用户设定的空间固定点。不同之处在于，刀具的刀尖点始终背离设定的固定点。在加工过程中，刀轴的角度是连续变化的，它的实现方式是刀具的刀尖部分连续运动，而机床的主轴头部分保持相对静止。

4. 刀轴朝向直线与来自直线控制

朝向直线刀轴矢量控制方法使刀轴保持朝向一条由用户自定义的空间直线。刀具刀尖部位指向所设定的直线。此方法与"朝向点"刀轴矢量控制方法类似，不同之处在于，刀轴指向的不是一个固定的点，而是一条固定的直线。在加工过程中，刀具的刀尖部分将保持相对静止，而机床的主轴头部分则运动较频繁，如图 3-1-7 所示。与"朝向点"选项类似，朝向直线刀轴矢量控制方法适用于凸模零件的加工，特别是带有深长侧壁、负角面特征的凸模零件的加工。此方法通常与直线投影精加工策略配合使用。

来自直线与朝向直线刀轴矢量控制方法相类似，都是使刀轴垂直于一条由用户设定的空间直线。不同之处在于，刀具的刀尖点始终背离设定的直线。在加工过程中，刀具的刀尖部分连续运动，而机床的主轴头部分保持相对静止，如图 3-1-8 所示。来自直线刀轴矢量控制方法适用于凹模零件的加工。

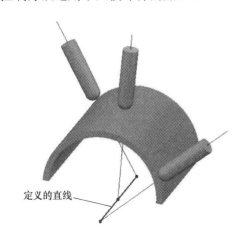

图 3-1-7 刀轴朝向直线

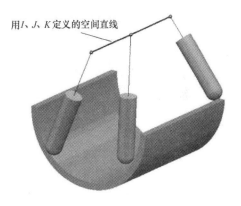

图 3-1-8 刀轴来自直线

5. 刀轴朝向曲线与来自曲线控制

朝向曲线刀轴矢量控制方法使刀轴指向一条由用户定义的曲线。这条曲线用参考线来定义，并且只能由一段线条构成。因此，在使用此选项前应创建合适的参考线。一般情况下，可以用 CAD 软件轻松绘制这条曲线，然后将其导入 PowerMill 系统中并转换为参考线。当然，也可以使用 PowerMill 的参考线创建和编辑功能来生成这条特定的曲线。在加工过程中，当刀轴朝向曲线时，刀具的刀尖部分保持相对静止，而机床的主轴头部分保持连续运动，如图 3-1-9 所示。

来自曲线刀轴矢量控制方法使刀轴矢量通过一条由用户定义的曲线。与朝向曲线相类似，用于控制刀轴矢量的曲线需要预先使用参考线工具创建出来。刀轴矢量控制方式为来自曲线控制时，在加工过程中，刀具刀尖部分保持连续运动，而机床的主轴头部分保持相对静止，如图 3-1-10 所示。

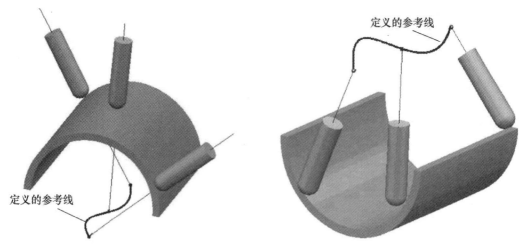

图 3-1-9　刀轴朝向曲线　　　　　　　　　图 3-1-10　刀轴来自曲线

6. 刀轴固定方向与自动控制

固定方向刀轴矢量控制方法将刀轴矢量定义为一个固定的朝向，在加工过程中刀轴矢量始终保持这个方向不变。这种控制方法使用 I、J、K 值来定义刀轴矢量的固定朝向，通过调整 I、J、K 值，能够轻松调整刀轴来切削负角面。固定方向刀轴指向示意如图 3-1-11 所示。当刀轴矢量固定在一个特定方向时，机床实现的是 3 + 2 轴加工方式。换言之，使用固定方向刀轴矢量控制方法可以编制出 3 + 2 定位加工刀路。

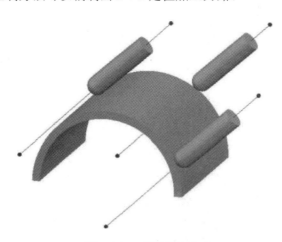

图 3-1-11　刀轴固定方向

刀轴自动控制方法是指刀轴矢量在加工过程中保持与特定几何形体(如直纹曲面)的直母线相平行，如图 3-1-12 所示。这个选项主要应用于 Swarf 和线框 Swarf 精加工策略，此时，刀轴矢量由直纹曲面的直母线来定义。"自动"选项主要配合 Swarf 策略使用。

图 3-1-12 刀轴自动

Swarf 加工策略是使用刀具侧刃而非刀尖进行加工的工艺,可以得到更加光滑的加工表面。这种策略适用于复合零件和钣金零件的精加工上,也可以用来加工航空航天工业中的复杂型腔零件。特别值得指出的是,Swarf 加工策略支持包括锥形刀具在内的多种类型的刀具,这极大地方便了倒钩型零件的加工,减少了刀具伸长量,提高了加工效率,延长了刀具寿命。图 3-1-13 所示为刀轴自动控制在多轴数控编程中的实际应用。

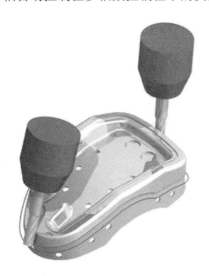

图 3-1-13 刀轴自动控制在多轴数控编程中的实际应用

3.1.2 PowerMill 软件多轴策略

在 PowerMill 软件中,并没有固定哪种策略是专门用于多轴加工编程的,任何一种策略只要涉及刀轴的变换,就可以作为多轴策略来使用。例如,前面提到的 Swarf 和线框 Swarf 精加工策略,其刀轴控制默认是自动的,刀轴矢量自动保持与特定几何形体(直纹曲面)的直母线相平行,根据直母线的方向自动调整刀轴矢量。因此,Swarf 策略是一种特殊的多轴编程策略。

Swarf 精加工策略可使用刀具侧边进行切削，且仅适用于可展曲面(因为刀具必须与曲面接触才能形成整个切削深度)。要进行 Swarf 切削，刀具必须能够在沿着刀具切削边缘的所有点上与曲面接触。对于不可展曲面，将始终留下材料或生成碎段刀具路径。因此，对零件进行 Swarf 切削之前，需要仔细观察零件。旋转零件(从翼型叶片侧边而非顶部切削)可能会达到想要的效果。采用 Swarf 策略进行加工时，系统会在每次尝试时加工已选曲面，同时需要编辑 Swarf 铣削选项，如图 3-1-14 所示，才能获得最佳的加工效果。通过对曲面进行阴影处理或显示线框几何形体，可以大致识别出曲面是不是可展的直纹曲面，可以将视图大致定向到期望的刀轴矢量。如果曲面顶边和曲面底边在两个边缘的所有点都显示为平行且无阴影元素可见，则说明曲面是可展的直纹曲面。此外，也可通过 PowerShape 的相关功能来确定所选曲面是否适合使用 Swarf 策略进行加工编程。

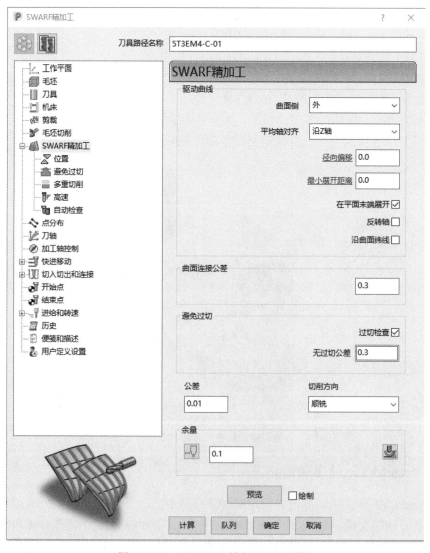

图 3-1-14 "SWARF 精加工"对话框

Swarf 铣削选项主要参数介绍如下：

(1) 驱动曲线：使用这些设置确定哪个曲面或曲面组用于创建切削移动。

- 曲面侧：选择是在曲面"内部"还是"外部"进行 Swarf 切削。

* 平均轴对齐：选择刀轴相对于 Z 轴的平均方向。

* 沿 Z 轴：将平均刀轴对齐于激活工作平面的正 Z 轴方向。

* 自 Z 轴：将平均刀轴对齐于其垂直或朝向激活工作平面的 Z 轴。

- 径向偏移：输入刀具与曲面之间的间隙。

- 最小展开距离：刀具路径从一个曲面移至另一个曲面时，母线方向可能会发生更改，因为刀具会将自身与母线方向对齐，因此必须指定刀具可在此期间从一个母线方向更改为下一个母线方向的距离。展开距离为任一曲面边缘上的最小移动(或在展开开始前，最靠近刀具的部分与曲面上的对立部分之间的距离)。如果指定的值会导致过切，PowerMill 会自动增大"最小展开距离"。

- 在平面末端展开：选择此项时，展开只会发生在平面末端区域。取消选择此项时，展开将在各个位置发生。

- 反转轴：选择此项可将轴方向旋转 180°。

- 沿曲面纬线：选择此项可将刀轴与曲面纬线对齐。

(2) 无过切公差：输入与曲面垂直的最大距离，刀具路径可以移动这段距离来查找安全位置。如果检测到大于此值的过切，则系统会按轴向提起刀具以避免过切。

与"SWARF 精加工"策略有关的选项还包括：

- 位置：其设置用于确定刀具路径位置。

- 避免过切：其设置用于确定曲面阻止在最低位置进行加工时刀具路径的变化。

- 多重切削：其设置用于启用沿刀轴的多条路径。

- 高速：其设置用于提高刀具路径平滑度。

- 自动检查：其设置用于在计算刀具路径时自动检查刀具路径。

其余页面和参数参照通用的刀具路径策略进行设置。

任务 3.2　端盖零件工艺准备

3.2.1　端盖零件图纸分析

根据图 3-2-1 所示的端盖工程图纸可以得知，该端盖零件为类似蘑菇形状的回转体零件。端盖的"伞"部由一个大端直径为 36 mm 的圆锥体和一个半径为 14 mm 的半球体组成。柄部为一个直径 10 mm 的圆柱体。"伞"的底部有一个内径 14 mm、外径 24 mm、深 16 mm 的环形槽，"伞"的圆锥体的外形侧面均匀分布有 3 个槽宽尺寸为 4 mm 的槽。根据图纸要求可知，该零件的材料为 6061 铝合金。

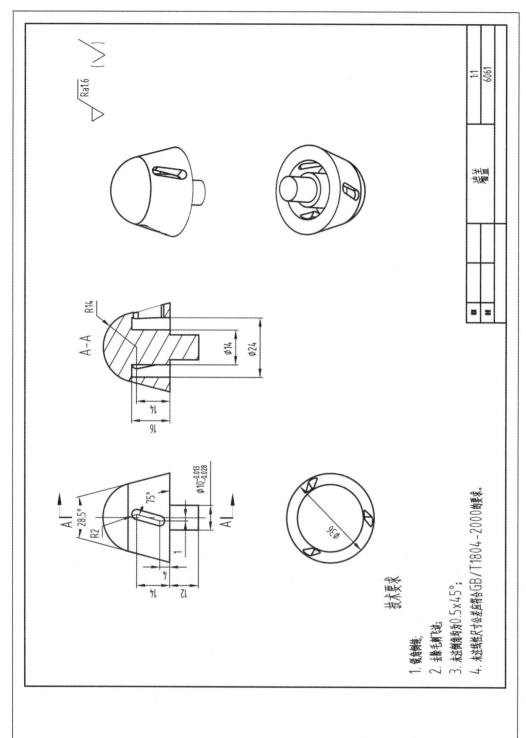

$\sqrt{Ra1.6}$

A-A
R14
Ø14
Ø24
16
14

R2
28.5°
75°
Ø10$_{-0.028}^{-0.013}$
1
4
14
12
A
A

Ø36

技术要求

1. 锐角倒钝;
2. 去除毛刺飞边;
3. 未注倒角均为0.5×45°;
4. 未注线性尺寸公差均符合GB/T1804-2000的要求。

端盖

1:1
6061

图3-2-1 端盖工程图图纸(教学用图)

3.2.2　端盖零件工艺分析

1. 制定端盖数控加工工艺

1) 件结构分析

端盖零件的加工相对比较简单，主要包括两个方面的内容：一方面是圆柱形的柄部，另一方面是类似于"伞"状的顶部。首先要用数控铣床加工产品的柄部外形尺寸和环形槽，其次在五轴加工中心完成产品顶部位置的加工。

2) 毛坯选用

零件粗毛坯材料使用 $\phi 40$ mm × 50 mm 的 6061 铝合金，端盖毛坯图如图 3-2-2 所示。

3) 设计夹具与确定编程坐标系

在考虑零件安装夹紧时，可以使用通用夹具——三爪卡盘进行装夹，端盖第一次装夹示意图如图 3-2-3 所示。

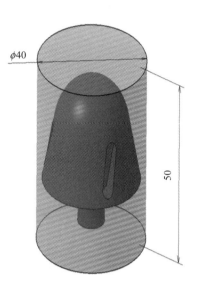

图 3-2-2　端盖毛坯图

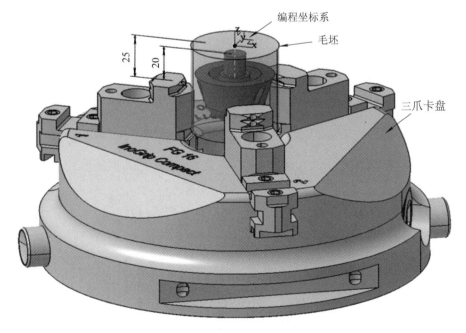

图 3-2-3　端盖第一次装夹示意图

第二次装夹时，在加工"伞"部位置的 3 个槽时，为了防止机床主轴及刀柄跟夹具的干涉，以及避免摆角达到极限情况，可以使用刀具装夹用的加长型刀柄，刀柄使用 ER20 型或者 ER25 型的刀柄，如图 3-2-4 所示。端盖安装在 ER 型刀柄上，如图 3-2-5 所示。

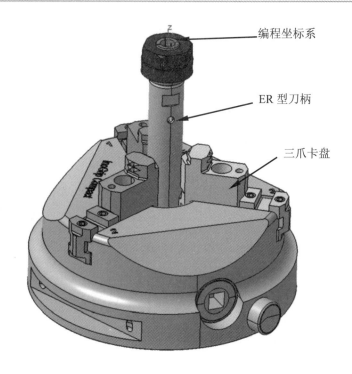

图 3-2-4　端盖第二次装夹夹具示意图

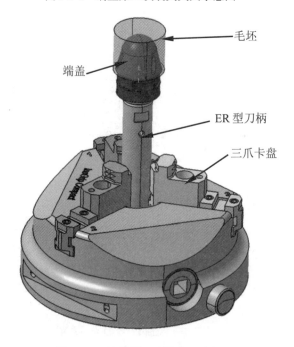

图 3-2-5　端盖第二次装夹示意图

2. 编制加工工序卡

根据前面的分析分别填写机械加工工艺过程卡片(表 3-2-1)、机械加工工序卡片(表 3-2-2、表 3-2-3)和端盖五轴加工程序单(表 3-2-4、表 3-2-5)。

表 3-2-1 机械加工工艺过程卡片 单位：mm

机械加工 工艺过程卡片		产品型号	20220819	零部件序号		第 1 页
		产品名称	端盖	零部件名称		共 1 页
材料牌号	6061	毛坯规格	$\phi 45 \times 50$	毛坯重量	kg	数量	1

工序号	工序名	工 序 内 容	工段	工 艺 装 备	工 时	
					准结	单件
5	备料	$\phi 45 \times 50$	外购	锯床		
10	铣加工	铣削端盖柄部外形和环形槽至设计尺寸	铣	五轴加工中心、游标卡尺、深度游标卡尺、外径千分尺		
15	铣加工	铣削端盖"伞"部外形和 3 个弧形槽形体	铣	五轴加工中心、游标卡尺、外径千分尺		
20	去毛刺	清理零件毛刺和锐角倒钝	钳			
25	检验	检测零件尺寸和几何公差	检	CMM、蓝光比对测量仪		

表 3-2-2　机械加工工序卡片(一)　　　　　　　　　　　　单位：mm

机械加工工序卡片	产品型号	20220819	零部件序号		第 1 页
	产品名称	端盖	零部件名称		共 2 页

工 序 号		10
工 序 名		铣加工
材 料		6061
设 备		五轴加工中心
设备型号		
夹 具		三爪卡盘
量 具		游标卡尺、深度游标卡尺
		外径千分尺
准结工时		
单件工时		

工步	工 步 内 容	刀 具	主轴转速 S/(r/min)	进给速度 F/(mm/r)	切削深度 a_p/mm	工步工时 机动	工步工时 辅助
1	端盖柄底部外形粗加工	ϕ10 立铣刀	6500	4000	1		
2	端盖柄部外径精加工	ϕ10 立铣刀	6500	1500	0.1		
3	端盖柄部端面精加工	ϕ10 立铣刀	6500	1500	0.1		
4	端盖"伞"部底面精加工	ϕ10 立铣刀	6500	1500	0.1		
5	端盖环形槽粗加工	ϕ3 立铣刀	8000	500	0.1		
6	端盖环形槽精加工	ϕ3 立铣刀	8000	500	0.1		

表 3-2-3　机械加工工序卡片(二)　　　　　　单位：mm

机械加工工序卡片	产品型号	20220819	零部件序号		第 2 页
	产品名称	端盖	零部件名称		共 2 页

精毛坯　工件坐标系
端盖　　ER 型刀柄
三爪卡盘

精毛坯
工作坐标系
端盖

工 序 号		15
工 序 名		铣削
材 料		6061
设 备		五轴加工中心
设备型号		
夹 具		三爪卡盘、ER 刀柄
量 具		游标卡尺
		外径千分尺
准结工时		
单件工时		

工步	工 步 内 容	刀 具	主轴转速 S/(r/min)	进给速度 F/(mm/r)	切削深度 a_p/mm	工步工时 机动	工步工时 辅助
1	端盖"伞"部整体粗加工	ϕ6R3 球刀	6000	4000	0.5		
2	端盖"伞"部外形精加工	ϕ6R3 球刀	6000	2000	0.1		
3	端盖"伞"部圆锥面外形 3 个槽精加工	ϕ3 立铣刀	8000	2000	0.1		
4							
5							
6							
7							
8							

表 3-2-4　端盖五轴加工程序单——第一次装夹　　　　　　单位：mm

零件号	20220819	编程员			图档路径		机床操作员			机床号		
客户名称		材料	6061	工序号	10	工序名称	端盖铣削加工		日期	年	月	日

序号	加工内容	程序名称	刀具号	刀具类型	刀具参数	主轴转速/(r/min)	进给速度/(mm/r)	余量(X、Y、Z方向)/mm	装夹刀长/mm	加工时间	备注
1	端盖柄底部外形粗加工	1T1EM10-C-01	T1	立铣刀	ϕ10	6500	4000	0.2/0.2	30		
2	端盖柄部外径精加工	2T2EM10-J-01	T2	立铣刀	ϕ10	6500	1500	0.0/0.0	30		
3	端盖柄部端面精加工	3T2EM10-J-01	T2	立铣刀	ϕ10	6500	1500	0.0/0.0	30		
4	端盖"伞"部底面精加工	4T2EM10-J-01	T2	立铣刀	ϕ10	6500	1500	0.0/0.0	30		
5	端盖环形槽粗加工	5T3EM4-C-01	T3	立铣刀	ϕ3	8000	500	0.1/0.1	30		
6	端盖环形槽精加工	6T3EM4-J-01	T3	立铣刀	ϕ3	8000	500	0.0/0.0	30		
7											
8											
9											
10											

工件装夹示意图

	毛坯尺寸	ϕ45 × 50
Z 方向	毛坯顶部 装夹方式	三爪卡盘

五轴加工中心操作确认

1	工件摆放和程序对上了吗？
2	工件夹紧了吗？找正了吗？
3	分中检查了吗？寻边器杠杆表好用吗？
4	坐标系、输入数据确认了吗？
5	对刀、刀号、输入数据确认了吗？
6	刀具直径、长度、安全高度确认了吗？
7	加工程序确认了吗？
8	加工前使用 HuiMaiTech 仿真加工了吗？
9	加工前试切削了吗？

X、Y 方向　毛坯圆心

表 3-2-5　端盖五轴加工程序单——第二次装夹　　　　单位：mm

零件号	20220819	编程员			图档路径		机床操作员		机床号	
客户名称		材料	6061	工序号	15	工序名称	端盖铣削加工	日期	年 月 日	

序号	加工内容	程序名称	刀具号	刀具类型	刀具参数	主轴转速/(r/min)	进给速度/(mm/r)	余量(X、Y、Z方向)/mm	装夹刀长/mm	加工时间	备注
1	"伞"部整体粗加工	7T1EM10-C-01	T1	立铣刀	ϕ10	6500	4000	0.2/0.0	30		
2	"伞"部顶部精加工	8T2EM10-J-01	T2	立铣刀	ϕ10	6500	1500	0.0/0.0	30		
3	"伞"部外形精加工	9T2EM10-J-01	T2	立铣刀	ϕ10	6500	1500	0.0/0.0	30		
4	圆锥面斜槽精加工	10T3EM4-J-01	T3	立铣刀	ϕ3	8000	2000	0.0/0.0	20		
5											
6											
7											
8											
9											
10											

工件装夹示意图

毛坯尺寸		ϕ45 × 50
ER夹具筒夹上端面（Z方向）	装夹方式	三爪卡盘 + ER 型刀柄

	五轴加工中心操作确认	
1	工件摆放和程序对上了吗？	
2	工件夹紧了吗？找正了吗？	
3	分中检查了吗？寻边器杠杆表好用吗？	
4	坐标系、输入数据确认了吗？	
5	对刀、刀号、输入数据确认了吗？	
6	刀具直径、长度、安全高度确认了吗？	
7	加工程序确认了吗？	
8	加工前使用 HuiMaiTech 仿真加工了吗？	
9	加工前试切削了吗？	

ER 型刀柄的中心（X、Y方向）

3.2.3 端盖零件程序编制——第一次装夹

1. 模型输入

1) 端盖零件模型输入

单击下拉菜单"文件"→"输入模型"图标 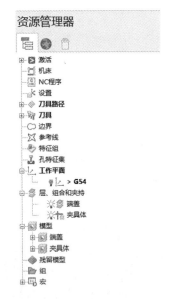，弹出"输入模型"对话框，在"文件类型(T)"下拉列表中选择"Autodesk Manufacturing 几何体(*.dgk)"文件格式，选择并打开模型文件"端盖-第一次装夹.dgk"。然后单击用户界面最右边"查看"工具栏中的"ISO1"图标 ⬡，接着单击"查看"工具栏中的"平面阴影"图标 ◨，查看端盖数字模型。

2) 夹具模型输入

单击下拉菜单"设置"→"夹持"图标 ⊤，弹出"输入夹持模型"对话框，选择并打开夹具模型文件"夹具体-第一次装夹.dgk"。然后单击用户界面最右边"查看"工具栏中"ISO1"图标 ⬡，接着单击"查看"工具栏中的"多色阴影"图标 ◕，即产生如图 3-2-6 所示的端盖零件与夹具体的数字模型。

在 PowerMill 界面左边资源管理器的"工作平面"中有"G54"用户坐标系，"层、组合和夹持"中有"端盖"和"夹具体"两个用户层；"模型"中有"端盖"和"夹具体"两个数字模型，如图 3-2-7 所示。

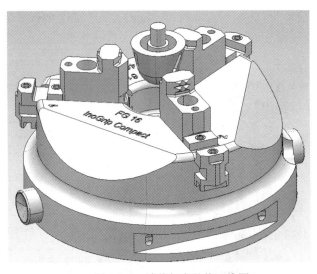

图 3-2-6 端盖与夹具体三维图　　　　图 3-2-7 PowerMill 资源管理器

将鼠标移至 PowerMill 资源管理器中"工作平面"下"G54"用户坐标系，然后单击鼠标右键，选择"激活"选项，如图 3-2-8 所示。激活之后的"G54"用户坐标系之前将产生一个大于符号，指示灯变亮，同时用户界面中"G54"用户坐标系将以红颜色显示。单击用户界面右上角"ViewCube"中的 ▦ 视角，接着将"端盖"与"夹具体"前的灯泡点灭，单击"查看"工具栏中的"平面阴影"图标 ◨，"G54"工作平面激活后模型显示如图 3-2-9 所示。

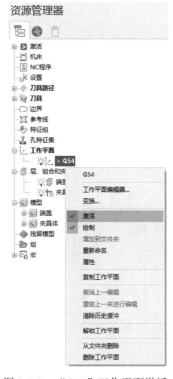

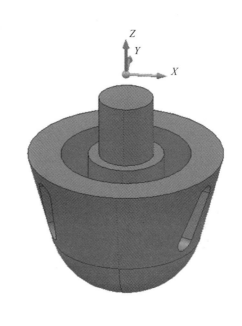

图 3-2-8 "G54"工作平面激活　　　　图 3-2-9 "G54"工作平面激活后模型显示

2. 毛坯定义

单击用户界面上部"开始"工具栏中的"毛坯"图标，弹出如图 3-2-10 所示的对话框。按图 3-2-10 所示参数进行设置，"由…定义"选择"三角形"，单击"打开"图标，打开"通过三角形模型打开毛坯"对话框，选择"毛坯-第一次装夹.dmt"，单击"打开"按钮，完成毛坯模型输入。

图 3-2-10 毛坯模型输入

3．工作平面建立

本次任务使用工作平面"G54"坐标，如图 3-2-7 所示。

4．刀具定义

由表 3-2-1 中得知，加工此端盖模型共需要 3 把刀具，刀具具体几何参数如表 3-2-6 所示。

表 3-2-6　刀具几何参数　　　　　　　　　　　　　单位：mm

序号	刀具类型	刀尖								刀柄			夹持			伸出
		名称	编号	几何形状						尺寸			尺寸			
				直径	长度	刀尖半径	锥度	锥高	锥形直径	顶部直径	底部直径	长度	顶部直径	底部直径	长度	
1	立铣刀	T1-EM10	1	10	30					12	12	30	27	27	70	30
2	立铣刀	T2-EM10	2	10	30					12	12	30	27	27	70	30
3	立铣刀	T3-EM3	3	3	20					6	6	20	27	27	50	20

如图 3-2-11 所示，右击用户界面左边 PowerMill 资源管理器中的"刀具"，依次选择"创建刀具"→"端铣刀"选项，弹出如图 3-2-12 所示的"端铣刀"对话框。

图 3-2-11　刀具选择　　　　　　　　　　图 3-2-12　"端铣刀"对话框

在此对话框中进行如下设置：

- ❑ "名称"改为"T1EM10"。
- ❑ "直径"设置为"10.0"。
- ❑ "长度"设置为"30.0"。
- ❑ "刀具编号"设置为"1"。

设置完成之后，单击"端铣刀"对话框中的"刀柄"选项卡，界面如图 3-2-13 所示。单击此对话框中"增加刀柄部件"图标 ，并进行如下设置：

- ❑ "顶部直径"设置为"10.0"。
- ❑ "底部直径"设置为"10.0"。
- ❑ "长度"设置为"40.0"。

设置结果如图 3-2-14 所示。

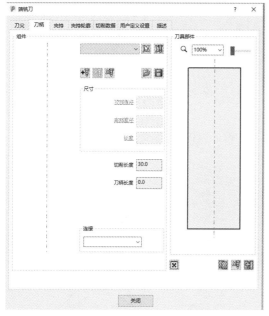

图 3-2-13 "端铣刀"刀柄的选择

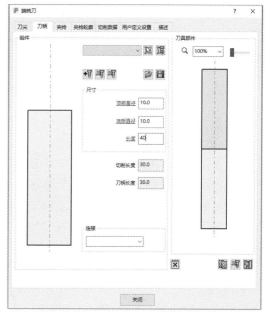

图 3-2-14 "端铣刀"刀柄的设置

单击对话框中的"夹持"选项卡，界面如图 3-2-15 所示。单击此对话框中"增加夹持部件"图标 ，并进行如下设置：

- ❑ "顶部直径"设置为"27.0"。
- ❑ "底部直径"设置为"27.0"。
- ❑ "长度"设置为"40.0"。
- ❑ "伸出"设置为"30.0"。

设置结果如图 3-2-16 所示。

单击图 3-2-16 中所示的"关闭"按钮。此时在用户界面左边的 PowerMill 资源管理器中将显示刚才设置的刀具"T1EM10"。

参照上述建立刀具的操作过程，按表 3-2-6 所示刀具几何参数创建其余刀具。

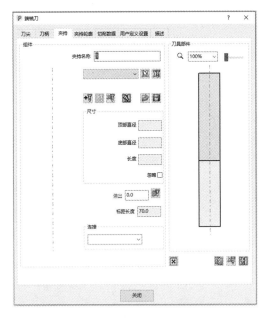

图 3-2-15　"端铣刀"夹持的选择　　　　　图 3-2-16　"端铣刀"夹持的设置

5.进给率设置

如图 3-2-17 所示，右击用户界面左边 PowerMill 资源管理器中"刀具"标签内的 "T1EM10"，选择"激活"，使得"T1EM10" 左边出现"＞"符号，这表明"T1EM10"刀 具处于被激活状态。

单击用户界面上部"开始"工具栏中的"进 给率"图标，弹出如图 3-2-18 所示的"进 给和转速"对话框。在此对话框中按表 3-2-4 所示内容进行如下设置：

□ "主轴转速"设置为"6500.0"。

□ "切削进给率"设置为"4000.0"。

□ "下切进给率"设置为"1000.0"。

□ "掠过进给率"设置为"6000.0"。

设置完成之后，单击"应用"按钮，就完 成了"T1EM10"刀具进给率的设置。使用同 样的方法按表 3-2-4 所示的参数设置剩下刀具 的进给率。

图 3-2-17　激活刀具

图 3-2-18　"进给和转速"对话框

6．快进高度设置

单击用户界面上部"开始"工具栏中"刀具路径设置栏"中的"刀具路径连接"图标 刀具路径连接，弹出如图 3-2-19 所示的"刀具路径连接"对话框，在"安全区域"选项卡的"类型"下拉列表中选择"平面"，"工作平面"下拉列表中选择"G54"用户坐标系，"快进高度"设置为"25.0"，"下切高度"设置为"20.0"，"快进间隙"设置为"5.0"，"下切间隙"设置为"0.5"。然后在此对话框中单击"接受"按钮，就完成了快进高度的设置。

图 3-2-19　"刀具路径连接"对话框(1)

7. 加工开始点和结束点的设置

继续在"刀具路径连接"对话框中，单击"开始点和结束点"选项卡，界面如图 3-2-20 所示。在此对话框"开始点"选项区中的"使用"下拉列表中选择"第一点安全高度"，"结束点"选项区中的"使用"下拉列表中选择"最后一点安全高度"，最后单击"接受"按钮，就完成了加工开始点和结束点的设置。

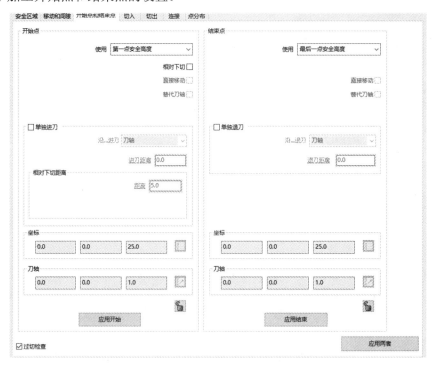

图 3-2-20　"刀具路径连接"对话框(2)

8. 创建刀具路径

1) 创建端盖柄底部外形粗加工刀具路径

单击用户界面上部"开始"工具栏中的"刀具路径策略"图标 ，通过"策略选择器"对话框，选择并打开"模型区域清除"对话框，如图 3-2-21 所示。

在此对话框中进行如下设置：

❑ "刀具路径名称"改为"1T1EM10-C-01"。

❑ "样式"下拉列表中选择"偏移所有"。

❑ "切削方向"下拉列表中都选择"顺铣"。

❑ "公差"设置为"0.1"。

❑ "余量"设置为"0.2"。

❑ "行距"设置为"8.0"。

❑ "下切步距"下拉列表中选择"自动"，参数设置为"1.0"。

在"模型区域清除"对话框中，单击 **工作平面** 标签，在"工作平面"下拉列表中选择"G54"。

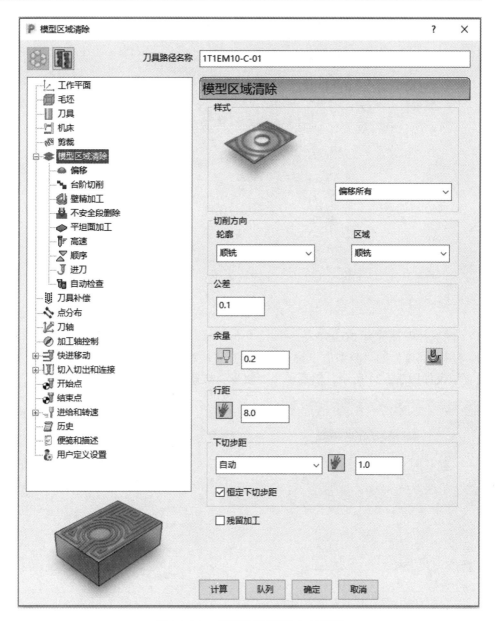

图 3-2-21 "模型区域清除"对话框

单击 ▌ **刀具** 标签，在刀具选择下拉列表中选择"T1EM10"。

单击 ⚓ **剪裁** 标签，弹出"剪裁"对话框，如图 3-2-22 所示。在"剪裁"对话框中"毛坯"中的"剪裁"下拉列表中选择"允许刀具中心在毛坯以外" 🖳 。

单击 📗 切入切出和连接 标签中的"切入"选项，弹出"切入"对话框，如图 3-2-23 所示。在"切入"对话框中"第一选择"下拉列表中选择"斜向"。这时可以单击"斜向选项"图标 ◇ ，弹出"斜向切入选项"对话框，在此对话框中"第一选择"选项卡中进行如下设置：

❑ "最大左斜角"设置为"3.0"。

❑ "沿着"下拉列表中选择"刀具路径"。

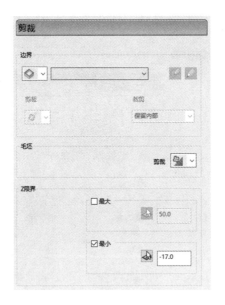

图 3-2-22　"剪裁"对话框

❑ "圆直径"设置为"0.95"。

❑ "斜向高度"的"类型"下拉列表中选择"段增量","高度"设置为"3.0"。设置结果如图 3-2-24 所示，然后单击"接受"按钮。

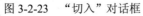

图 3-2-23　"切入"对话框

图 3-2-24　"斜向切入"参数设置

"模型区域清除"对话框的其余参数默认，设置完毕之后单击"计算"按钮。刀具路径生成之后，单击"取消"按钮，接着单击用户界面最右边"查看"工具栏中的"ISO1"

图标 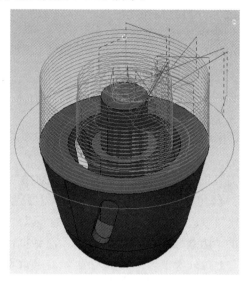，加工刀具路径示意图如图 3-2-25 所示。

图 3-2-25　"1T1EM10-C-01"刀具路径

2) 创建端盖柄部外径精加工刀具路径

单击用户界面上部"开始"工具栏中的"刀具路径策略"图标 ，通过"策略选择器"对话框，选择并打开"等高精加工"对话框，如图 3-2-26 所示。

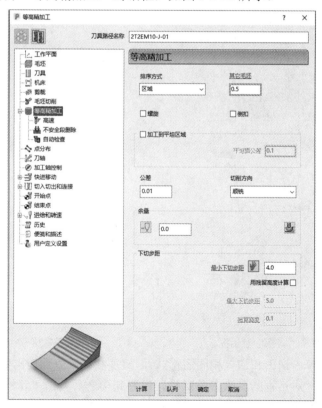

图 3-2-26　"等高精加工"对话框

在"等高精加工"对话框中进行如下设置：

- □ "刀具路径名称"改为"2T2EM10-J-01"。
- □ "排序方式"下拉列表中选择"区域"。
- □ "公差"设置为"0.01"。
- □ "切削方向"下拉列表中选择"顺铣"。
- □ "余量"设置为"0.0"。
- □ "最小下切步距"参数设置为"4.0"。

在"等高精加工"对话框中，单击 ⚙ **工作平面** 标签，在"工作平面"下拉列表中选择"G54"。

单击 🔌 **刀具** 标签，在刀具选择下拉列表中选择"T2-EM10"。

单击 ⚙ **剪裁** 标签，弹出"剪裁"对话框，如图 3-2-27 所示。在"剪裁"对话框中"毛坯"→"剪裁"下拉列表中选择"允许刀具中心在毛坯以外" 🌼。

单击 ⚙ **切入切出和连接** 标签中的"切入"选项，弹出"切入"对话框，如图 3-2-28 所示。在"切入"对话框中"第一选择"下拉列表中选择"水平圆弧"。在此对话框中进行如下设置：

- □ "角度"设置为"90.0"。
- □ "半径"设置为"3.0"。

图 3-2-27 "剪裁"对话框

图 3-2-28 "切入"对话框

设置完成后，单击切出和切入相同图标 🌼 ，即复制切入值到切出值。

"等高精加工"对话框的其余参数默认，设置完毕之后单击"计算"按钮。刀具路径生成之后，单击"取消"按钮，接着单击用户界面最右边"查看"工具栏中的"ISO1"图标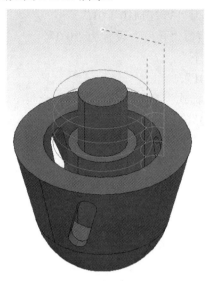，加工刀具路径示意图如图 3-2-29 所示。

图 3-2-29　"2T2EM10-J-01" 刀具路径

3) 创建端盖柄部端面精加工刀具路径

单击用户界面上部 "开始" 工具栏中的 "刀具路径策略" 图标，通过 "策略选择器" 对话框，选择并打开 "平行精加工" 对话框，如图 3-2-30 所示。

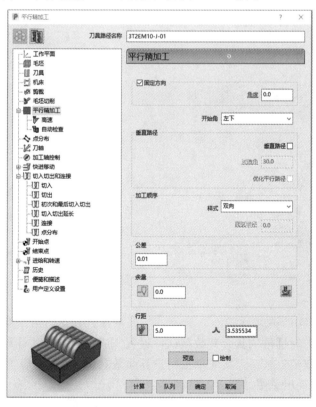

图 3-2-30　"平行精加工" 对话框

在"平行精加工"对话框中进行如下设置：

❏ "刀具路径名称"改为"3T2EM10-J-01"。

❏ 勾选"固定方向"设置，"角度"设置为"0.0"。

❏ "开始角"选择"左下"。

❏ "公差"设置为"0.01"。

❏ "加工顺序"中的"样式"选择"双向"。

❏ "余量"设置为"0.0"。

❏ "行距"参数设置为"5.0"。

在"平行精加工"对话框中，单击 工作平面 标签，在"工作平面"下拉列表中选择"G54"。

单击 刀具 标签，在刀具选择下拉列表中选择"T2-EM10"。

单击 剪裁 标签，在"剪裁"对话框中"毛坯"下拉列表中选择"允许刀具中心在毛坯以外" ，如图3-2-31所示。

单击 切入切出和连接 标签中的"切入"选项，弹出"切入"对话框，如图3-2-32所示。在"切入"对话框中"第一选择"下拉列表中选择"无"。

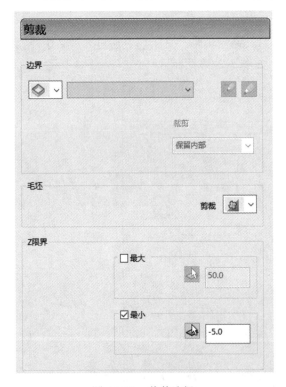

图3-2-31　裁剪选择

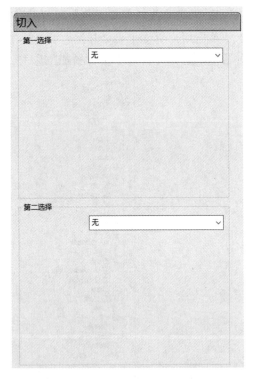

图3-2-32　"切入"参数选择

"平行精加工"对话框的其余参数默认，设置完成之后单击"计算"按钮。刀具路径生成之后，单击"取消"按钮，接着单击用户界面最右边"查看"工具栏中的"ISO1"图标 ，加工刀具路径示意图如图3-2-33所示。

图 3-2-33　"3T2EM10-J-01" 刀具路径

4) 创建端盖 "伞" 部底面精加工刀具路径

单击用户界面上部 "开始" 工具栏中的 "刀具路径策略" 图标 刀具路径，通过 "策略选择器" 对话框，选择并打开 "轮廓精加工" 对话框，如图 3-2-34 所示。

图 3-2-34　"轮廓精加工" 对话框

在此对话框中进行如下设置：

❑ "刀具路径名称"改为"4T2EM10-J-01"。

❑ "侧边"下拉列表中选择"边缘内"，"径向偏移"设置为"0.0"。

❑ "底部位置"下拉列表中选择"驱动曲线"，"轴向偏移"设置为"0.0"。

❑ "曲线连接公差"设置为"0.3"。

❑ "无过切公差"设置为"0.3"。

❑ "公差"设置为"0.01"。

❑ "切削方向"设置为"顺铣"。

❑ "余量"设置为"0.0"。

在"轮廓精加工"对话框中，单击 工作平面 标签，在"工作平面"下拉列表中选择"G54"。

单击 刀具 标签，在刀具选择下拉列表中选择"T2-EM10"。

单击 切入 标签中的"切入"标签选项，弹出"切入"对话框，如图 3-2-35 所示。在"第一选择"下拉列表中选择"斜向"。这时可以单击"斜向选项"图标 ◇ ，弹出"斜向切入选项"对话框，在此对话框"第一选择"选项卡中进行如下设置：

❑ "最大左斜角"设置为"3.0"。

❑ "沿着"下拉列表中选择"刀具路径"。

❑ "圆直径"设置为"0.95"。

❑ "斜向高度"的"类型"下拉列表中选择"段增量"，"高度"设置为"3.0"。

设置结果如图 3-2-36 所示，然后单击"接受"按钮。

图 3-2-35 "切入"对话框

图 3-2-36   "斜向切入选项"参数设置

　　"轮廓精加工"对话框的其余参数默认，使用鼠标左键选择模型曲面，如图 3-2-37 所示，设置完成之后单击"计算"按钮。刀具路径生成之后，单击"取消"按钮，接着单击用户界面最右边"查看"工具栏中的"ISO1"图标 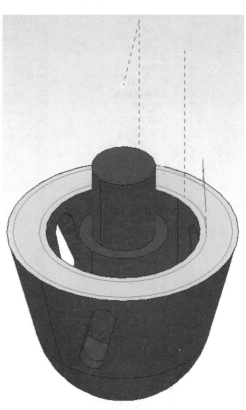，加工刀具路径示意图如图 3-2-38 所示。

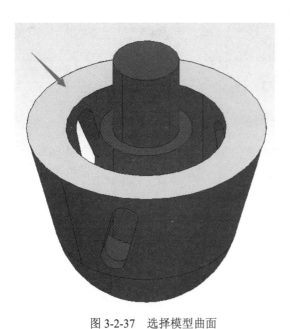

图 3-2-37　选择模型曲面　　　　　图 3-2-38　"4T2EM10-J-01"刀具路径

5) 创建端盖环形槽粗加工刀具路径

　　单击用户界面上部"开始"工具栏中的"刀具路径策略"图标，通过"策略选择器"对话框，选择并打开"SWARF 精加工"对话框，如图 3-2-39 所示。

　　在"SWARF 精加工"对话框中进行如下设置：

- ❑ "刀具路径名称"改为"5T3EM4-C-01"。
- ❑ "曲面侧"下拉列表中选择"外"。
- ❑ "平均轴对齐"下拉列表中选择"沿 Z 轴"。
- ❑ "径向偏移"设置为"0.0"。
- ❑ "最小展开距离"设置为"0.0"。
- ❑ "曲面连接公差"设置为"0.3"。
- ❑ "无过切公差"设置为"0.3"。
- ❑ "公差"设置为"0.01"。
- ❑ "切削方向"设置为"顺铣"。

❑ "余量"设置为"0.1"。

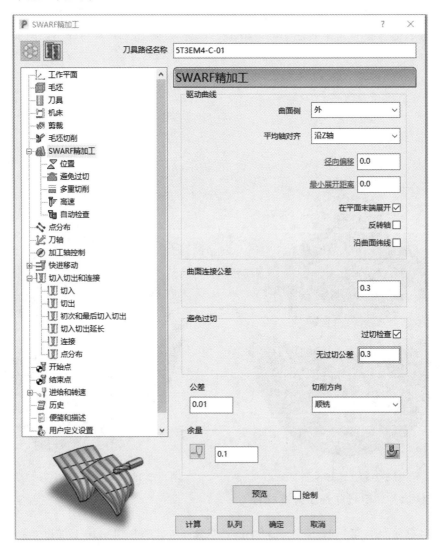

图 3-2-39 "SWARF 精加工"对话框

单击 ⤓ **工作平面** 标签，在"工作平面"下拉列表中选择"G54"。

单击 🔳 **刀具** 标签，在刀具选择下拉列表中选择"T3-EM3"。

单击 ▥ **切入切出和连接** 标签中的"切入"选项，弹出"切入"对话框，如图 3-2-40 所示。在"切入"对话框中"第一选择"下拉列表中选择"斜向"。这时可以单击"斜向选项"图标◇，弹出"斜向切入选项"对话框，在此对话框中"第一选择"选项卡中进行如下设置：

❑ "最大左斜角"设置为"3.0"。

❑ "沿着"下拉列表中选择"刀具路径"。

❑ "圆直径"设置为"0.95"。

❑ "斜向高度"中的"类型"下拉列表中选择"段增量"，"高度"设置为"3.0"。

设置结果如图 3-2-41 所示。然后单击"接受"。

单击 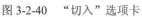 刀轴 标签，在"刀轴"对话框中"刀轴"下拉列表中选择"自动"。

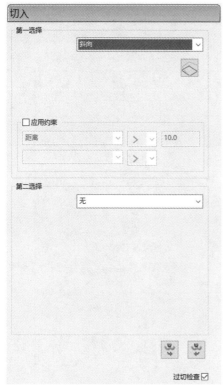

图 3-2-40　"切入"选项卡　　　　　　　　图 3-2-41　"斜向切入选项"参数设置

"SWARF 精加工"对话框的其余参数默认，按住"Shift"键，然后使用鼠标左键选择模型曲面，如图 3-2-42 所示，设置完成之后单击"计算"按钮。刀具路径生成之后，单击"取消"按钮，接着单击用户界面最右边"查看"工具栏中的"ISO1"图标 ，加工刀具路径示意图如图 3-2-43 所示。

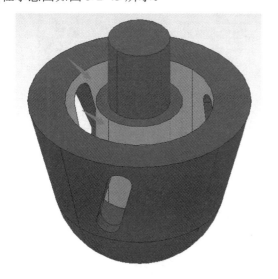

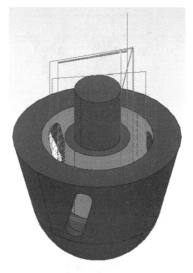

图 3-2-42　选择模型曲面　　　　　　　　图 3-2-43　"5T3EM4-C-01"刀具路径

6) 创建端盖环形槽精加工刀具路径

单击用户界面上部"开始"工具栏中的"刀具路径策略"图标 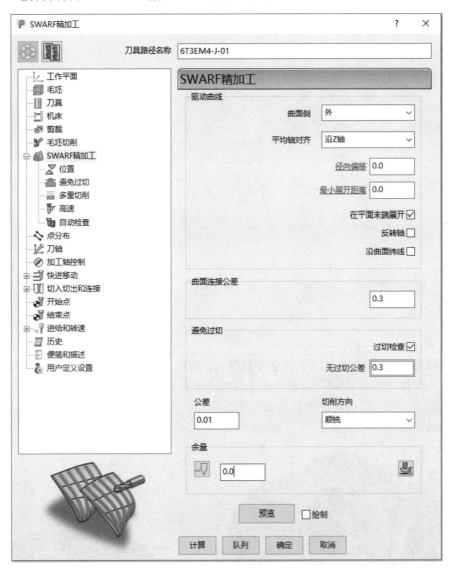，通过"策略选择器"对话框，选择并打开"SWARF 精加工"对话框，如图 3-2-44 所示。

图 3-2-44 "SWARF 精加工"对话框

在"SWARF 精加工"对话框中进行如下设置：

❑ "刀具路径名称"改为"6T3EM4-J-01"。

❑ "曲面侧"下拉列表中选择"外"。

❑ "平均轴对齐"下拉列表中选择"沿 Z 轴"。

❑ "径向偏移"设置为"0.0"。

❑ "最小展开距离"设置为"0.0"。

- ❏ "曲面连接公差"设置为"0.3"。
- ❏ "无过切公差"设置为"0.3"。
- ❏ "公差"设置为"0.01"。
- ❏ "切削方向"设置为"顺铣"。
- ❏ "余量"设置为"0.0"。

单击 ⫨ **工作平面** 标签，在"工作平面"下拉列表中选择"G54"。

单击 ⫨ **刀具** 标签，在刀具选择下拉列表中选择"T3-EM3"。

单击 ⫨ **切入切出和连接** 标签中的"切入"选项，弹出"切入"对话框，如图 3-2-45 所示。在"切入"对话框中的"第一选择"下拉列表中选择"水平圆弧"。在此对话框中设置如下：

- ❏ "角度"设置为"90.0"。
- ❏ "半径"设置为"0.5"。

设置完成后，单击切出和切入相同图标 ⫷，即复制切入值到切出值。

单击 ⫨ **切入切出和连接** 标签中的"连接"选项，弹出"连接"对话框，如图 3-2-46 所示。在"连接"对话框中的"第一选择"下拉列表中选择"直"。

图 3-2-45 "切入"对话框

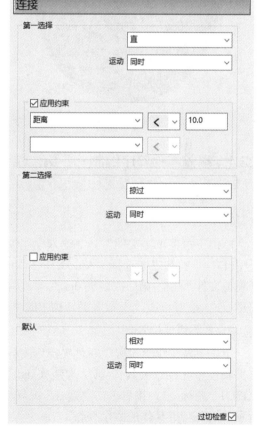

图 3-2-46 "连接"对话框

"SWARF 精加工"对话框的其余参数默认，按住"Shift"键，然后使用鼠标左键选择模型曲面，如图 3-2-47 所示，设置完成之后单击"计算"按钮。刀具路径生成之后，单击

"取消"按钮，接着单击用户界面最右边"查看"工具栏中的"ISO1"图标 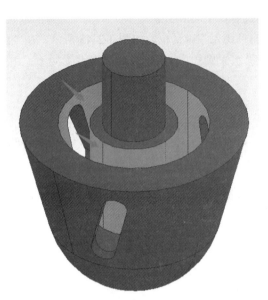 加工刀具路径示意图如图 3-2-48 所示。

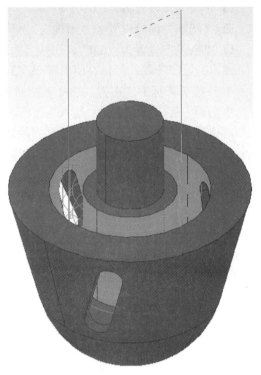

图 3-2-47　选择模型曲面　　　　　　　　图 3-2-48　"6T3EM4-J-01"刀具路径

3.2.4　端盖零件程序编制——第二次装夹

1. 模型输入

1）端盖零件模型输入

单击下拉菜单"文件"→"输入模型"图标 ，弹出"输入模型"对话框，在"文件类型(T)"下拉列表中选择"Autodesk Manufacturing 几何体(*.dgk)"文件格式，选择并打开模型文件"端盖-第二次装夹.dgk"。然后单击用户界面最右边"查看"工具栏中的"ISO1"图标 ，接着单击"查看"工具栏中的"平面阴影"图标 ，查看端盖数字模型。

2）夹具模型输入

单击下拉菜单"设置"→"夹持"图标 ，弹出"输入夹持模型"对话框，选择并打开夹具模型文件"夹具体-第二次装夹.dgk"。然后单击用户界面最右边"查看"工具栏中"ISO1"图标 ，接着单击"查看"工具栏中的"多色阴影"图标 ，即产生如图 3-2-49 所示的端盖与夹具体的数字模型。

在 PowerMill 界面左边资源管理器的"工作平面"中有"G54"用户坐标系，"层、组合和夹持"中有"端盖"和"夹具体"两个用户层。"模型"中有"端盖"和"夹具体"两个数字模型，如图 3-2-50 所示。

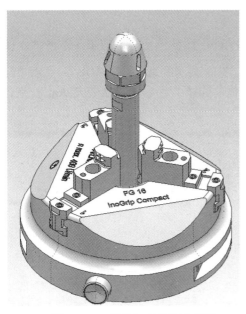

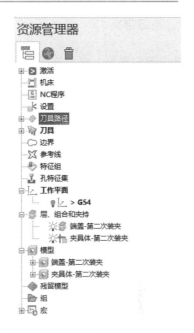

图 3-2-49　端盖与夹具体三维图　　　　　　图 3-2-50　PowerMill 资源管理器

　　将鼠标移至 PowerMill 资源管理器中"工作平面"下"G54"用户坐标系，然后单击鼠标右键，选择"激活"选项，如图 3-2-51 所示。激活之后的"G54"用户坐标系之前将产生一个大于符号，指示灯变亮，同时用户界面中"G54"用户坐标系将以红色显示。单击用户界面右上角"ViewCube"中的 视角，接着单击"端盖"与"夹具体"前的灯泡图标，使其变为灰色，单击"平面阴影"图标 ，关闭阴影显示，单击"线框"图标 ，打开线框显示，"G54"工作平面激活后模型显示如图 3-2-52 所示。

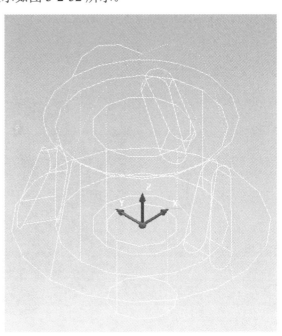

图 3-2-51　"G54"工作平面激活　　　　图 3-2-52　"G54"工作平面激活后模型显示

2．毛坯定义

单击用户界面上部"开始"工具栏中的"毛坯"图标 ，弹出如图 3-2-53 所示的"毛坯"对话框。按图 3-2-53 所示参数进行设置，"由…定义"选择"三角形"，点击"打开"图标，打开"通过三角形模型打开毛坯"对话框，选择"毛坯-第二次装夹.dmt"，点击"打开"。定义毛坯之后的模型如图 3-2-54 所示。

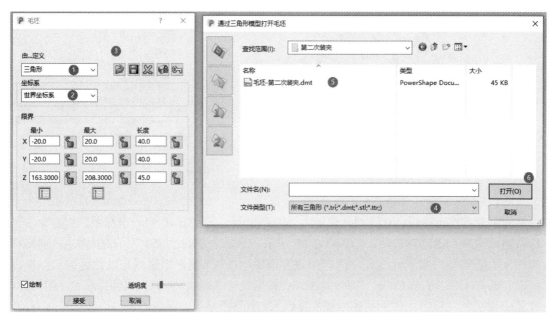

图 3-2-53　毛坯模型输入

图 3-2-54　定义毛坯之后的模型

3．工作平面建立

本次任务使用工作平面"G54"坐标，如图 3-2-52 所示。

4．刀具定义

第二次装夹加工所使用刀具与第一次装夹加工所使用刀具一致，参照第一次装夹设置刀具。

5．进给率设置

参照第一次装夹设置进给率。

6．快进高度设置

参照第一次装夹设置快进高度。

7．加工开始点和结束点的设置

参照第一次装夹设置加工开始点和结束点。

8．创建刀具路径

1）创建"伞"部整体粗加工刀具路径

单击用户界面上部"开始"工具栏中的"刀具路径策略"图标，通过"策略选择器"对话框，选择并打开"模型区域清除"对话框，如图 3-2-55 所示。

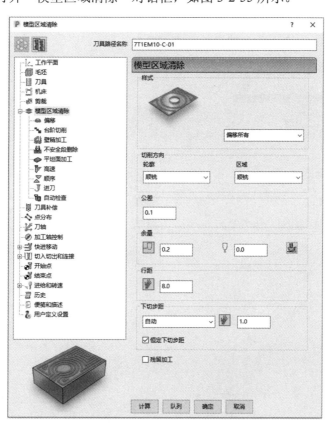

图 3-2-55　模型区域清除

在此对话框中进行如下设置：

☐ "刀具路径名称"改为"7T1EM10-C-01"。

☐ "样式"下拉列表中选择"偏移所有"。

☐ "切削方向"下拉列表中都选择"顺铣"。

☐ "公差"设置为"0.1"。

☐ "余量"设置为"0.2"。

☐ "行距"设置为"8.0"。

☐ "下切步距"下拉列表中选择"自动"，参数设置为"1.0"。

在"模型区域清除"对话框中，单击 工作平面 标签，在"工作平面"下拉列表中选择"G54"。

单击 刀具 标签，在刀具选择下拉列表中选择"T1-EM10"。

单击 切入 标签中的"切入"选项，弹出"切入"对话框，如图 3-2-56 所示。在"切入"对话框中"第一选择"下拉列表中选择"斜向"。这时可以单击"斜向选项"图标 ◇，弹出"斜向切入选项"对话框，在此对话框中"第一选择"选项卡中进行如下设置：

☐ "最大左斜角"设置为"3.0"。

☐ "沿着"下拉列表中选择"刀具路径"。

☐ "圆直径"设置为"0.95"。

☐ "斜向高度"的"类型"下拉列表中选择"段增量"。

☐ "高度"设置为"3.0"。

设置结果如图 3-2-57 所示，然后单击"接受"按钮。

图 3-2-56 "切入"对话框

图 3-2-57 "斜向切入"参数设置

"模型区域清除"对话框的其余参数默认，设置完毕之后单击"计算"按钮。刀具路径生成之后，单击"取消"按钮，接着单击用户界面最右边"查看"工具栏中的"ISO1"图标 ⬡，加工刀具路径示意图如图 3-2-58 所示。

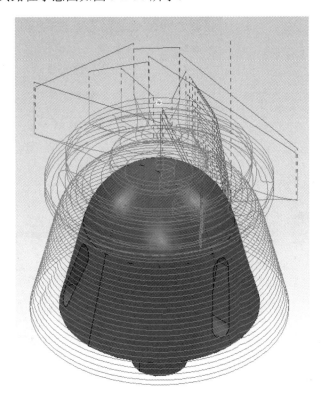

图 3-2-58　"7T1EM10-C-01"刀具路径

2) 创建"伞"部顶部精加工刀具路径

单击用户界面上部"开始"工具栏中的"刀具路径策略"图标 ，通过"策略选择器"对话框，选择并打开"曲面精加工"对话框，如图 3-2-59 所示。

在此对话框中进行如下设置：

❑　"刀具路径名称"改为"8T2EM10-J-01"。
❑　"曲面侧"下拉列表中选择"外"。
❑　"曲面单位"下拉列表中选择"距离"。
❑　"无过切公差"设置为"0.3"。
❑　"公差"设置为"0.01"。
❑　"余量"设置为"0.0"。
❑　"行距"参数设置为"0.2"。

在"曲面精加工"对话框中，选择 工作平面 标签，在"工作平面"下拉列表中选择"G54"。

单击 刀具 标签，在刀具选择下拉列表中选择"T2-EM10"。

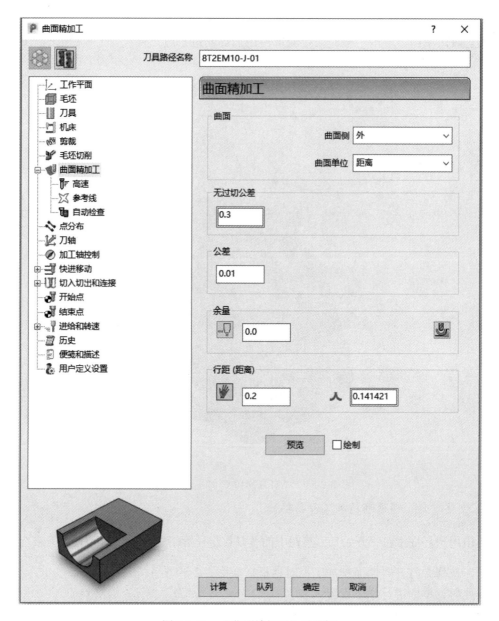

图 3-2-59　"曲面精加工"对话框

　　单击 参考线 标签，在参考线对话框中"参考线方向"下拉列表中选择"V"，其他参数设置如图 3-2-60 所示。

　　单击 刀轴 标签，在"刀轴"对话框中"刀轴"下拉列表中选择"前倾/侧倾"，前倾角度设置为"0.0"，侧倾角度设置为"–90.0"，其他参数设置如图 3-2-61 所示。

　　单击 切入 标签中"切入"选项，在"切入"对话框中"第一选择"下拉列表中选择"曲面法向圆弧"。在此对话框中进行如下设置：

　　❑ "角度"设置为"90.0"。

　　❑ "半径"设置为"1.0"。

图 3-2-60　参考线参数设置

图 3-2-61　刀轴参数选择

设置结果如图 3-2-62 所示。设置完成后，单击切出和切入相同图标，即复制切入值到切出值。

图 3-2-62　"切入"参数选择

"曲面精加工"对话框的其余参数默认，使用鼠标左键选择模型曲面，如图 3-2-63 所示，设置完成之后单击"计算"按钮。刀具路径生成之后，单击"取消"按钮，接着单击用户界面最右边"查看"工具栏中的"ISO1"图标 ⬡，精加工刀具路径示意图如图 3-2-64 所示。

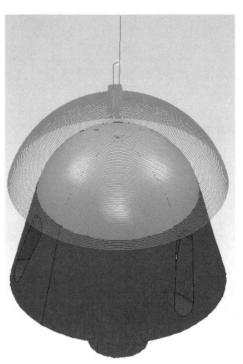

图 3-2-63　曲面精加工模型选择　　　　图 3-2-64　"8T2EM10-J-01"刀具路径

3) 创建"伞"部外形精加工刀具路径

单击用户界面上部"开始"工具栏中的"刀具路径策略"图标 ✎，通过"策略选择器"对话框，选择并打开"SWARF 精加工"对话框，如图 3-2-65 所示。

在此对话框中进行如下设置：

❏ "刀具路径名称"改为"9T2EM10-J-01"。

❏ "曲面侧"下拉列表中选择"外"。

❏ "平均轴对齐"下拉列表中选择"沿 Z 轴"。

❏ "径向偏移"设置为"0.0"。

❏ "最小展开距离"设置为"0.0"。

❏ "曲面连接公差"设置为"0.3"。

❏ "无过切公差"设置为"0.3"。

❏ "公差"设置为"0.1"。

❏ "切削方向"设置为"顺铣"。

❏ "余量"设置为"0.0"。

图 3-2-65　"SWARF 精加工"对话框

单击  工作平面 标签，在"工作平面"下拉列表中选择"G54"。

单击 刀具 标签，在刀具选择下拉列表中选择"T2-EM10"。

单击 刀轴 标签，在"刀轴"对话框中"刀轴"下拉列表中选择"自动"。

单击 切入切出和连接 标签中的"切入"选项，在"切入"对话框中"第一选择"下拉列表中
选择"水平圆弧"。在此对话框中进行如下设置：

❑　"角度"设置为"90.0"。

❑　"半径"设置为"0.5"。

设置结果如图 3-2-66 所示。设置完毕后，点击切出和切入相同图标 ，即复制切入值
到切出值。

单击 切入切出和连接 标签中"连接"选项，在"连接"对话框中"第一选择"下拉列表中选
择"直"，如图 3-2-67 所示。

切入

第一选择

水平圆弧

线性移动 0.0

角度 90.0

半径 0.5

☐ 应用约束

距离 > 10.0

>

第二选择

无

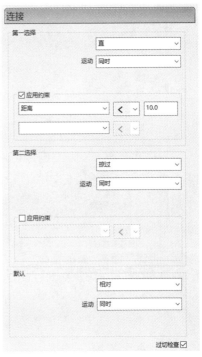

连接

第一选择

直

运动 同时

☑ 应用约束

距离 < 10.0

<

第二选择

掠过

运动 同时

☐ 应用约束

<

默认

相对

运动 同时

过切检查 ☑

图 3-2-66　"切入"对话框　　　　　　　　图 3-2-67　"连接"对话框

"SWARF 精加工"对话框的其余参数默认，使用鼠标左键选择模型曲面，如图 3-2-68 所示，设置完成之后单击"计算"按钮。刀具路径生成之后，单击"取消"按钮，接着单击用户界面最右边"查看"工具栏中的"ISO1"图标 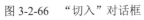，粗加工刀具路径示意图如图 3-2-69 所示。

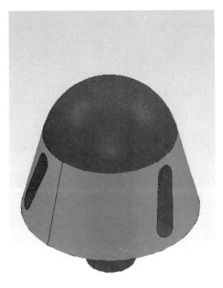

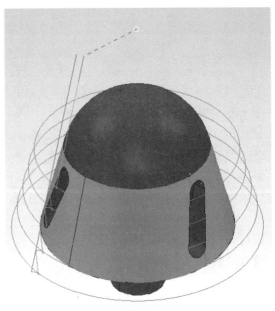

图 3-2-68　选择模型曲面　　　　　　　　图 3-2-69　"9T2EM10-J-01"刀具路径

4) 创建圆锥面斜槽精加工刀具路径

单击用户界面上部"开始"工具栏中的"刀具路径策略"图标_{刀具路径}，通过"策略选择器"对话框，选择并打开"SWARF 精加工"对话框，如图 3-2-70 所示。

图 3-2-70　SWARF 精加工

在此对话框中进行如下设置：

❏ "刀具路径名称"改为"10T3EM4-J-01"。

❏ "曲面侧"下拉列表中选择"外"。

❏ "平均轴对齐"下拉列表中选择"沿 Z 轴"。

❏ "径向偏移"设置为"0.0"。

❏ "最小展开距离"设置为"0.0"。

❏ "曲面连接公差"设置为"0.3"。

❏ "无过切公差"设置为"0.3"。

❏ "公差"设置为"0.02"。

❏ "切削方向"设置为"顺铣"。

❏ "余量"设置为"0.0"。

单击 ⊿ **工作平面** 标签，在"工作平面"下拉列表中选择"G54"。

单击 ▊ **刀具** 标签，在刀具选择下拉列表中选择"T3-EM3"。

单击 ⊿ **刀轴** 标签，在"刀轴"对话框中"刀轴"下拉列表中选择"自动"。

单击 ▊ **切入** 标签中的"切入"选项，弹出"切入"对话框，如图 3-2-71 所示。在"切入"对话框中"第一选择"下拉列表中选择"斜向"。这时可以单击"斜向选项"图标 ◇，弹出"斜向切入选项"对话框，在此对话框中"第一选择"标签中进行如下设置：

❏ "最大左斜角"设置为"3.0"。

❏ "沿着"下拉列表中选择"刀具路径"。

❏ "圆直径"设置为"0.95"。

❏ "斜向高度"中的"类型"下拉列表中选择"段增量"。

❏ "高度"设置为"3.0"。

设置结果如图 3-2-72 所示。然后单击"接受"按钮。

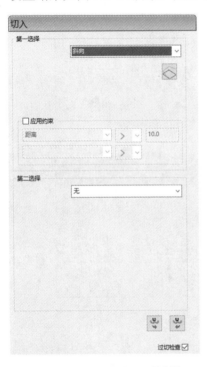

图 3-2-71　"切入"对话框　　　　　　图 3-2-72　"斜向切入"参数设置

单击 ▊ **切入** 标签中的"连接"选项，在"连接"对话框中的"第一选择"下拉列表中选择"下切步距"。

"SWARF 精加工"对话框的其余参数默认，使用鼠标左键按住"Shift"键，选择模型曲面，如图 3-2-73 所示，设置完成之后单击"计算"按钮。刀具路径生成之后，单击"取消"按钮，接着单击用户界面最右边"查看"工具栏中的"ISO1"图标 ⬡，粗加工刀具路径示意图如图 3-2-74 所示。

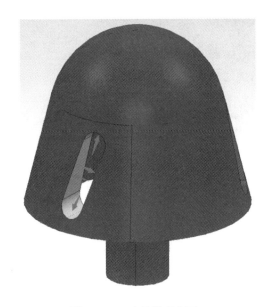

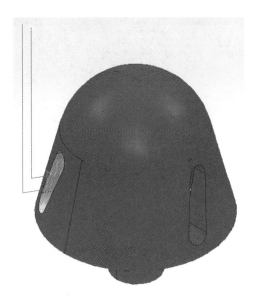

图 3-2-73　选择模型曲面　　　　　　　　图 3-2-74　"10T3EM3-J-01" 刀具路径

　　激活 "10T3EM3-J-01" 刀具路径，单击主菜单栏上的"刀具路径编辑"工具栏中的"变换"图标，如图 3-2-75 所示。打开刀具路径编辑命令栏，单击"旋转"命令，打开旋转设置，单击复制图标，"复制件数"输入"3"，"角度"输入"120"，单击轴在激活工作平面图标，确认旋转轴为 Z 轴，如图 3-2-76 所示，设置完成之后单击"接受"按钮。刀具路径生成之后，接着单击用户界面最右边"查看"工具栏中的"ISO1"图标，旋转后的刀具路径示意图如图 3-2-77 所示。

图 3-2-75　刀具路径编辑

图 3-2-76　刀具路径旋转设置

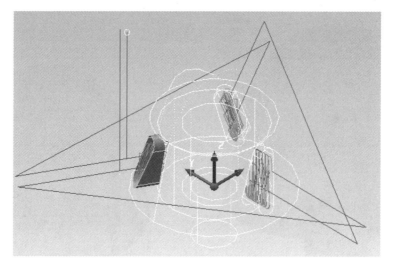

图 3-2-77　旋转后的刀具路径

3.2.5　端盖铣削加工程序检查及后处理

1. 端盖铣削加工程序检查

1) 仿真前的准备

在主菜单栏上直接选择"仿真"工具栏，如图 3-2-78 所示。

图 3-2-78　打开仿真工具栏

2) 刀具路径仿真

将鼠标移至 PowerMill 资源管理器中"刀具路径"下的"1T1EM10-C-01"，单击鼠标右键，选择"激活"选项，再次单击鼠标右键，选择"自开始仿真"选项。

接着单击"仿真"工具栏中"ViewMill"中的"开/关 ViewMill"图标 🔘，此时将打开"ViewMill"工具栏，如图 3-2-79 所示。然后选择"模式"中的"固定方向"，如图 3-2-80 所示。这时绘图区进入仿真界面，如图 3-2-81 所示。

图 3-2-79　"ViewMill"工具栏

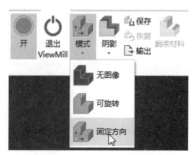

图 3-2-80　选择"固定方向"

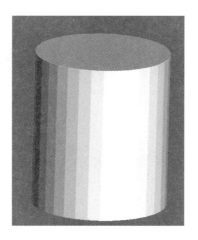

图 3-2-81　仿真界面显示

单击"仿真"工具栏中的"运行"图标，执行"1T1EM10-C-01"刀具路径的仿真，仿真结果如图 3-2-82 所示。

依据上述仿真方法，分别仿真其他刀具路径，其仿真结果如图 3-2-83～图 3-2-91 所示。

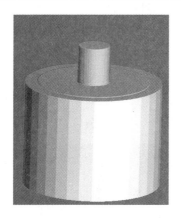

图 3-2-82　"1T1EM10-C-01"刀具路径仿真

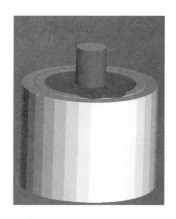

图 3-2-83　"2T1EM12-C-01"刀具路径仿真

图 3-2-84　"3T2EM8-J-01"刀具路径仿真

图 3-2-85　"4T3NC6-J-01"刀具路径仿真

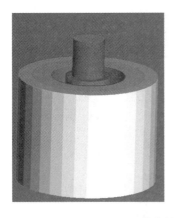

图 3-2-86 "5T4NC9-J-01" 刀具路径仿真

图 3-2-87 "6T2EM8-J-01" 刀具路径仿真

图 3-2-88 "7T3NC6-J-01" 刀具路径仿真

图 3-2-89 "8T1EM12-J-01" 刀具路径仿真

图 3-2-90 "9T1EM12-C-01" 刀具路径仿真

图 3-2-91 "10T2EM8-J-01" 刀具路径仿真

3) 退出仿真

单击 "仿真" 工具栏中 "ViewMill" 中的 "退出 ViewMill" 图标 ，将打开 "PowerMill 查询" 对话框，如图 3-2-92 所示。然后单击 "是(Y)" 按钮，退出加工仿真。

图 3-2-92　退出加工仿真

2. 端盖铣削加工程序后处理

如图 3-2-93 所示，将鼠标移至 PowerMill 资源管理器中的"NC 程序"，单击鼠标右键，选择"首选项"选项，将弹出如图 3-2-94 所示的"NC 首选项"对话框。

图 3-2-93　NC 程序参数选择　　　　　　图 3-2-94　"NC 首选项"对话框

在此对话框中单击"输出文件夹"右边的"浏览选取输出目录"图标 ，选择路径 E:\NC(此文件夹必须存在)，接着单击"机床选项文件"右边的"浏览选取读取文件"图标 ，将弹出如图 3-2-95 所示的"选择选项文件"对话框，在此对话框中单击"浏览本地选项文件"图标 ，再次弹出如图 3-2-96 所示的"选择选项文件"对话框，接着选择要使用的机床后置文件。

图 3-2-95　"选择选项文件"对话框(1)　　　　图 3-2-96　"选择选项文件"对话框(2)

在图 3-2-96 中选择"GFMillP500.pmoptz"文件并"打开",单击"接受"。最后单击"NC 首选项"对话框中"输出工作平面"的下拉菜单,选择"G54",然后单击"关闭"按钮。

接着将鼠标移至刀具路径"1T1EM10-C-01",单击鼠标右键,选择"创建独立的 NC 程序"选项,如图 3-2-97 所示,然后对其余刀具路径进行同样的操作。

最后将鼠标移至"NC 程序",单击鼠标右键,选择"写入所有"选项,如图 3-2-98 所示,程序自动运行产生 NC 代码。完成之后在文件夹 E:\NC 下将产生相应 tap 格式的文件。可以通过记事本分别打开这些文件,查看 NC 数控代码。

图 3-2-97 右击选择"创建独立的 NC 程序"　　　图 3-2-98 写入 NC 程序

3. 保存加工项目

单击用户界面上部菜单"文件"→"保存",弹出如图 3-2-99 所示的"保存项目为"对话框,在"保存在"文本框中输入路径 D:\TEMP\端盖,然后单击"保存"按钮。

图 3-2-99 "保存项目为"对话框

此时可以看到在文件夹 D:\TEMP\端盖下将保存项目文件"第一次装夹"。以相同的方法，保存项目文件"第二次装夹"。项目文件的图标为 ，其功能类似于文件夹，在此项目的子路径中保存了这个项目的信息，包括毛坯信息、刀具信息和刀具路径信息等。

任务 3.3 端盖零件仿真训练

3.3.1 机床操作准备

1. 打开软件

双击惠脉多轴仿真软件图标 ，弹出惠脉多轴仿真软件开始界面，如图 3-3-1 所示。

图 3-3-1 惠脉多轴仿真软件开始界面

2．新建工程文件

打开"文件"菜单，单击"新建"命令，弹出"选择机床"对话框，如图 3-3-2 所示。此操作选择使用的机床和控制系统。

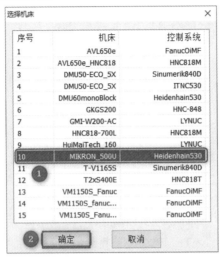

图 3-3-2　机床及控制器选择对话框

3．机床初始化

将 MIKRON-500U 五轴机床调入软件工作区，控制系统为 Heidenhain530 系统，单击继电器上的 上电，再单击"CE"键 ，完成机床初始化操作。仿真机床界面如图 3-3-3 所示。

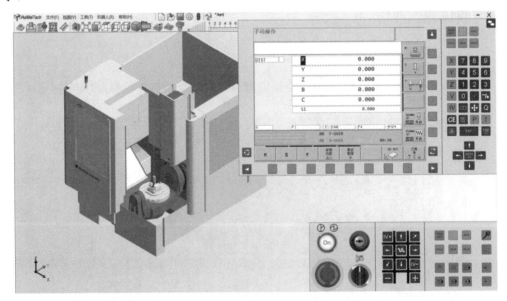

图 3-3-3　仿真机床界面

4．第一次装夹设置毛坯和夹具

单击菜单栏上的"设置毛坯"图标 ，选择 "圆柱毛坯"，如图 3-3-4 所示。

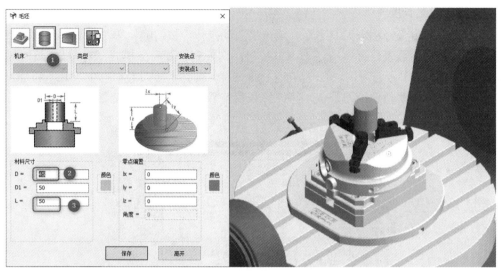

图 3-3-4 毛坯及夹具加载

3.3.2 刀具准备

1. 设置刀具

单击菜单栏上的"设置刀具"图标![设置刀具图标]，弹出"机床刀具"对话框，如图 3-3-5 所示。创建加工用刀具：T1-ϕ10 mm(伸 75 mm)，右击刀具号码"T1"，单击"设定"，弹出"刀具选择"对话框，选择"立铣刀"选项，单击选择"立铣刀 10.0"，单击"确定"关闭"刀具选择"对话框，再次单击"编辑"按钮，修改相应参数后单击"保存"，其他刀具设置方法参照上述操作。

图 3-3-5 刀具库创建对话框

2. 建立刀具长度

在刀具库中定义好相应刀具之后，单击"手动操作"按钮 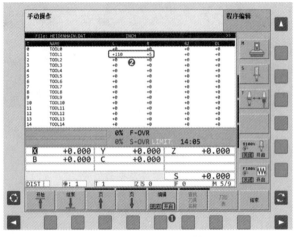，单击 刀具表 下方按钮 ，可进入刀具信息参数表，再单击 编辑 关闭 开启 下方按钮，切换到"开启"模式，对刀具信息参数表进行编辑修改。以 1 号刀为例，单击功能栏 图标，查看 1 号刀具信息中"HL"和"OHL"这两个参数，相加就是理论刀长值，将此刀长值输入刀具表 1 号刀位置，如图 3-3-6 所示。

图 3-3-6　控制器刀具参数设置

3. 刀长自动测量

单击 MDI 方式按键 ，手工输入刀长自动测量循环指令，首先单击按键 (TOUCH PROBE)，调出测量循环指令选项列表，单击图标 下方按键 ，自动输入测量循环 481，连续单击按键 ENT (ENT)，设置参数值为默认，单击按键 ，将光标移动到第一行，然后单击按键 TOOL CALL (TOOL CALL)插入刀具调动指令，按顺序输入刀号 1，转速 S100，连续单击 ENT 键完成输入。单击程序启动键 ，调取刀具并自动测量刀长，完成上述操作后，进入刀具表信息界面，此时显示的刀具长度即为实际刀具总长，如图 3-3-7 所示。对 2、3、4 号刀依次进行刀长测量。

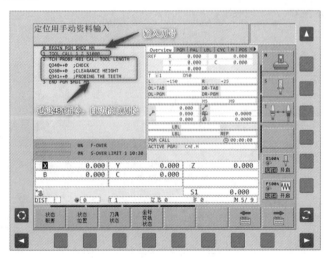

图 3-3-7　手工编程自动测量刀长

3.3.3 装夹及找正准备

单击菜单栏上的 ⬜ 图标隐藏附件，单击按键 ⬜，进入手动模式，单击屏幕控制面板上右侧面板中的 ⬜ 和 ⬜ 按键，利用"前视图"和"右视图"切换方位，通过"手动"和"手轮"方式进行轴向移动，如图 3-3-8 所示。当切削到工件上表面时，再单击"改变原点"按钮，将光标移至夹具顶端点击 ✛ 光标后，单击"编辑当前字段"按钮，修正 Z 轴坐标值，将当前 Z 轴值加上偏移值 2，这是毛坯上表面切削深度。将对应坐标系的 X 和 Y 轴处设置为"0"，如图 3-3-9 所示。单击"保存当前原点"后，再单击"激活原点"，激活刚刚创建的坐标系，然后将刀具远离工件表面，单击"主轴停止"按钮。

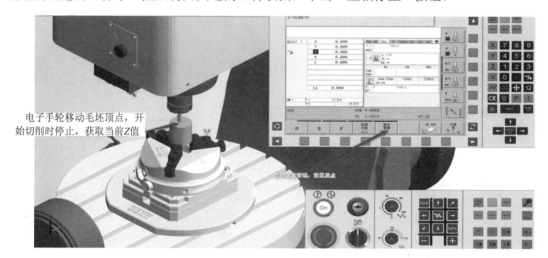

电子手轮移动毛坯顶点，开始切削时停止，获取当前Z值

图 3-3-8　坐标原点创建

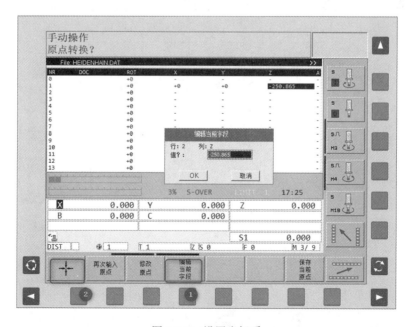

图 3-3-9　设置坐标系

3.3.4 零件仿真加工

1．导入 NC 程序

将 CAM NC 代码拷贝到 TNC 文件夹之下，路径为：D:\Program Files\HuiMaiTechSim\
Controller\Heidenhain\TNC，如图 3-3-10 所示。

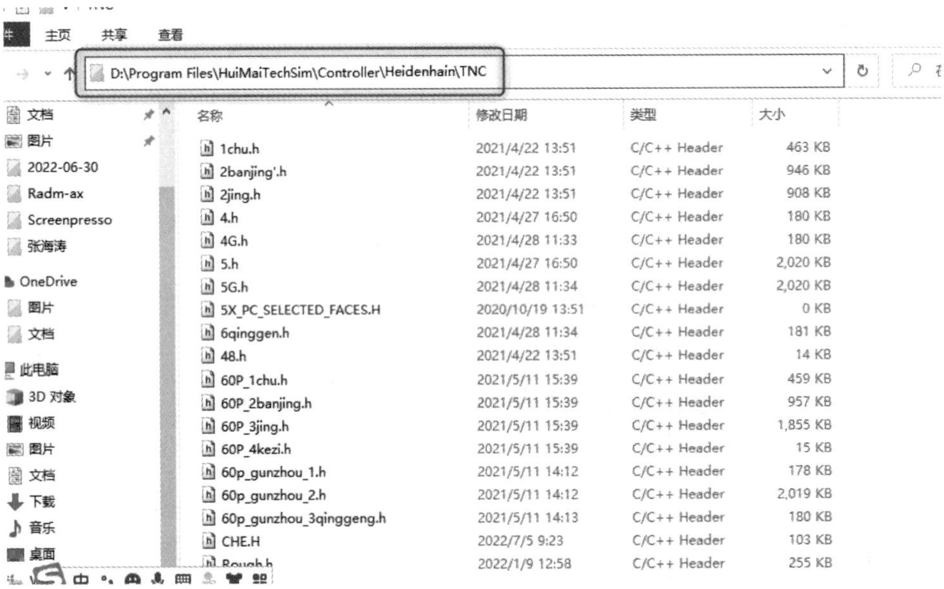

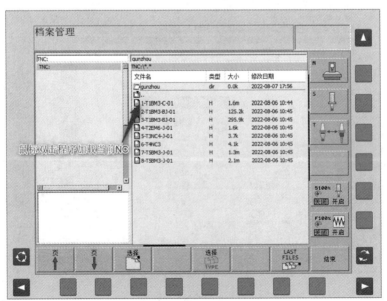

图 3-3-10　NC 程序导入

2．调用加工程序

单击自动运行按钮 **→**，单击程序管理按钮 PGM MGT，鼠标双击需要导入的程序，如图 3-3-11
所示。

图 3-3-11　加载 NC 程序

3．程序运行加工

单击"程序启动"按钮 ，单击加工倍率调节按钮 ，通过倍率调节按钮来调节加工时 G00、G01 的速度，如图 3-3-12 所示。也可以通过软件仿真倍率调整仿真加速度，指针到数字 8 为最快，如图 3-3-13 所示。

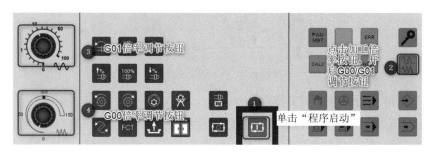

图 3-3-12　G01、G00 倍率调节

图 3-3-13　仿真倍率

4．模拟结果

通过前面的机床相关操作，多轴机床根据 NC 代码进行模拟加工，加工过程中无报警、过切现象，第一次装夹仿真结果如图 3-3-14 所示。

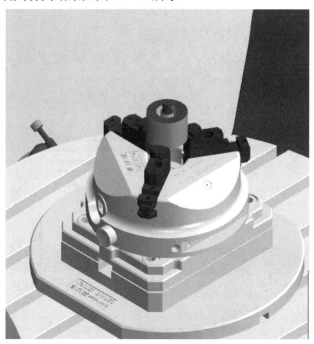

图 3-3-14　第一次装夹仿真结果

5．保存工程文件

单击"文件"菜单，选择"另存为"，即可保存至指定路径，如图 3-3-15 所示。

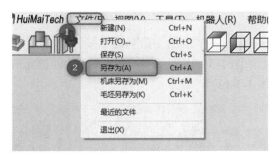

图 3-3-15 保存项目

6．第二次装夹设置毛坯和夹具

如图 3-3-16 所示，将第一次装夹加工完成的毛坯另存为第二次装夹的毛坯文件。通过造型软件打开此文件并将此文件倒置之后再保存。单击"设置毛坯"图标 ，选"异型毛坯"，点击 ⋯ 按钮将上述毛坯与夹具分别导入即可。

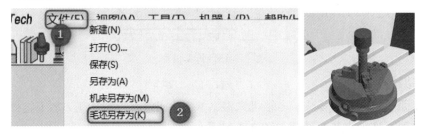

图 3-3-16 新建毛坯及装夹

7．第二次装夹重置找正，设置 G54 坐标系

通过装夹找正得到毛坯上表面的 Z 值，再通过理论值偏移 Z 值 33，得到如图 3-3-17 所示的坐标系原点。

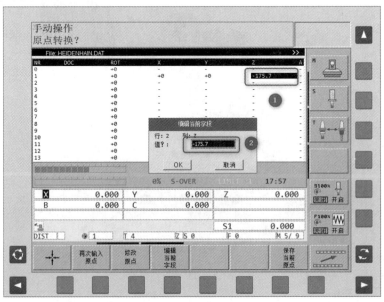

图 3-3-17 重新找正

8．第二次装夹仿真

将第二次装夹的 NC 导入指定的目录 D:\Program Files\HuiMaiTechSim\Controller\Heidenhain\TNC，依次进行仿真，得到如图 3-3-18 所示的仿真结果。

图 3-3-18　第二次装夹仿真结果

3.3.5　端盖零件检测

1．进入测量模式

单击菜单栏 图标，进入 3D 工件测量模式，此状态将把加工剩余残料抓取到测量软件中，如图 3-3-19 所示。

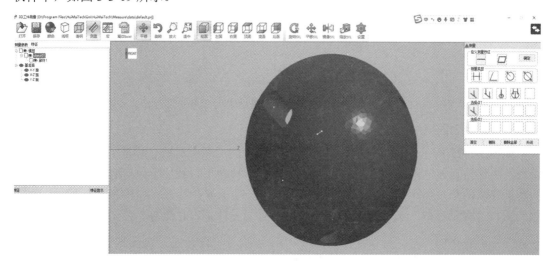

图 3-3-19　3D 工件测量模式

2．测量特征

通过软件中"平移""旋转""缩放"等功能调整视图到合适的位置。如图 3-3-20 所示，在右侧测量窗口中，"测量类型"选择"特征距离"，在"选择特征"中取消其他已选择的抓取特征模式，选择"抓取特征"，在视图窗口抓取两个平面，点击"确定"。在窗口的左下角输入该长度的理论值及上下公差，得到图 3-3-21 所示的测量结果。

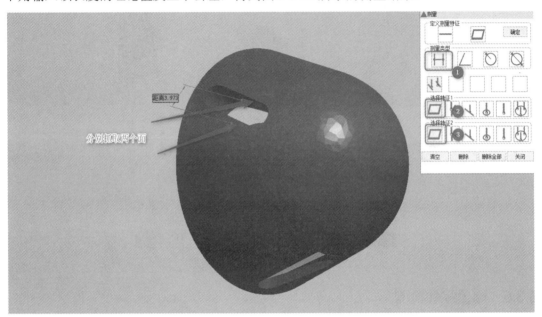

图 3-3-20　测量槽的间距

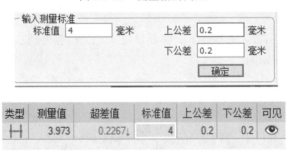

类型	测量值	超差值	标准值	上公差	下公差	可见
H	3.973	0.2267↓	4	0.2	0.2	👁

图 3-3-21　测量结果

3．多特征报告生成

如图 3-3-22 所示，通过测量窗口选择需要测量的类型，然后在特征中选择需要抓取的特征，为保持抓取的准确性，保持抓取特征只有一种即可。我们分别选择凸台的两个加工面特征计算两个平面距离，选择类型孔的直径，连续抓取孔特征。如图 3-3-23 所示，在左侧的窗口"测量参数"中，右键单击特征可以对测量特征进行删除、隐藏操作。将所需测量特征抓取完毕后，单击菜单栏中的 📋 图标输出 Excel 报告，如图 3-3-24 所示。

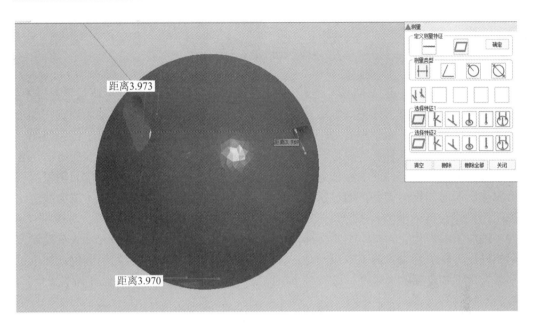

图 3-3-22 测量视图

类型	测量值	超差值	标准值	上公差	下公差	可见
H	3.973	0.2267↓	4	0.2	0.2	👁
H	3.970	0.2295↓	4	0.2	0.2	👁
H	3.969	0.2303↓	4	0.2	0.2	👁

图 3-3-23 测量参数

HuiMaiTechSim测量数据							
日期	**2022-10-06 18:12:28**		**零件名称**		**object01**		
序号	**类型**	**测量值**	**超差值**	**标准值**	**上公差**	**下公差**	**评分**
1	距离	3.973	0.226	4	0.2	0.2	
2	距离	3.970	0.229	4	0.2	0.2	
3	距离	3.969	0.230	4	0.2	0.2	

图 3-3-24 测量报告

项 目 总 结

　　多轴数控编程的关键技术就是要灵活设置刀轴矢量,多轴加工编程策略设置得好不好,主要是看刀轴矢量控制得好不好。这是因为在多轴数控编程中,刀具刀轴的姿态在加工过程中不是固定不变的,而是根据加工的需要随时或者实时发生变化的。对于已经熟悉三轴数控加工的编程人员来说,需要进一步理解并掌握多轴加工中刀轴矢量的控制方法,才能更好地胜任多轴加工零件的编程任务。在整体零件的加工过程中,往往要求刀轴根据被加工对象作出即时的指向调整,通过学习刀具路径中刀轴矢量的控制方法,可以为编制出多轴加工刀具路径打下基础。还应该强调的是,刀轴矢量控制方法丰富与否,是衡量 CAM软件多轴加工编程功能强弱的主要指标之一,不同的 CAM 软件提供的刀轴矢量控制方法不尽相同。刀轴矢量设置的基本原则是:在确保零件被加工部位完全切削到位,加工过程中不会发生干涉碰撞的同时,尽可能减小机床旋转轴的旋转范围,提高加工刚性。

思政小课堂

国产大飞机 C919

　　历经数十载风雨,中国民航制造业迎来重磅时刻。C919 大型客机在 2022 年 9 月完成全部适航审定工作后,获中国民用航空局颁发的型号合格证,于 2022 年底交付首架飞机。C919 大型客机是我国自行研制、具有自主知识产权的大型喷气式民用飞机,与目前国际航空市场上最为常见的空客 320、波音 737 机型为同级别。长期以来,全球民用大飞机市场一直被波音和空客垄断。第三方数据显示,2021 年,全球商用飞机交付量为 1034 架,其中波音交付 340 架,空客交付 611 架,二者占总交付量的 92%。如果把范围缩小到 100 座以上的大型商用飞机,这个比率将高达 100%。C919 获得型号合格证,不仅将进一步加快中国民航大飞机的产业化进程,未来更有望打破空客和波音对市场的垄断,在国际上形成"ABC"的竞争格局。可以说,中国大飞机的"从 0 到 1",就是世界大飞机格局的"从 2

到 3"。

　　党的二十大报告对加快实施创新驱动发展战略作出了重要部署："坚持面向世界科技前沿、面向经济主战场、面向国家重大需求、面向人民生命健康，加快实现高水平科技自立自强。"C919 的产业化发展和规模化市场运营，不仅关乎一个飞机型号的成功，更将有力带动相关先进制造业的发展。通过 C919 大型客机的研制，我国商用飞机产业的创新链、价值链、产业链得到极大的拓展和延伸，带动了新材料、现代制造、电子信息等领域技术的集群性突破，提升了国内商用飞机机体结构、机载系统、材料和标准件配套能级。预计到 2035 年，依托大飞机产业园形成的产业配套，将支撑中国商飞公司 200 架以上大型商用飞机的年生产能力，带动航空产业年产值达到 3000 亿元以上，推动打造具有全球影响力的民用航空产业基地。

课 后 习 题

简答题

1. 举例说明刀轴前倾和侧倾的应用。
2. 对比刀轴"朝向点与来自点"和"朝向直线与来自直线"控制的相同点和不同点。
3. 列举刀轴固定方向与自动控制的优点。
4. 举例说明 Swarf 精加工策略的主要特点。
5. 回顾 Swarf 精加工策略的主要参数设置。
6. 列举五轴加工常用的刀柄类型。

项目四

叶轮铣削编程加工训练

学习目标

知识目标

(1) 了解涡轮式叶轮的结构；

(2) 理解涡轮式叶轮在五轴加工时各特征的名称与用途；

(3) 掌握在编程时如何忽略参考曲面的方法。

能力目标

(1) 掌握涡轮式叶轮编程方式；

(2) 学会建立涡轮式叶轮在五轴加工时各特征参考曲面；

(3) 能根据工艺安排建立工件坐标系；

(4) 能导入夹具数字模型；

(5) 能够根据夹具图安装、调整和找正零件；

(6) 通过相应的后置处理文件生成数控加工程序，并运用机床加工零件。

素养目标

(1) 培养科学精神和态度；

(2) 培养工程质量意识；

(3) 培养团队合作能力。

思维导图

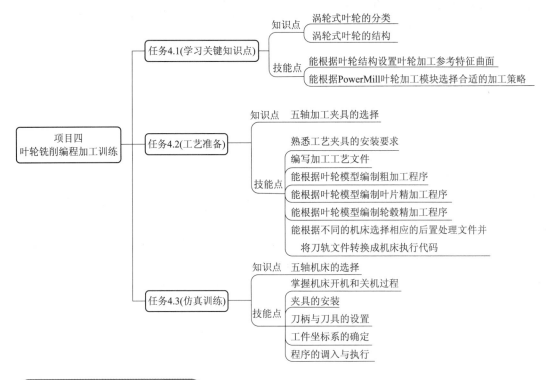

学习检测评分表

任务		目标要求与评分细则	分值	得分	备注
任务 4.1 (学习关键 知识点)	知识点	① 涡轮式叶轮的分类(5 分)； ② 涡轮式叶轮的结构(5 分)	20		
	技能点	① 能根据叶轮结构设置叶轮加工参考特征曲面(5 分)； ② 能根据 PowerMill 叶轮加工模块选择合适的加工策略(5 分)			
任务 4.2 (工艺准备)	知识点	五轴加工夹具的选择(5 分)	40		
	技能点	① 熟悉工艺夹具的安装要求(5 分)； ② 编写加工工艺文件(10 分)； ③ 能根据叶轮模型编制粗加工程序(5 分)； ④ 能根据叶轮模型编制叶片精加工程序(5 分)； ⑤ 能根据叶轮模型编制轮毂精加工程序(5 分)； ⑥ 能根据不同的机床选择相应的后置处理文件并将刀轨文件转换成机床执行代码(5 分)			
任务 4.3 (仿真训练)	知识点	五轴机床的选择(5 分)	40		
	技能点	① 熟悉机床开机和关机过程(5 分)； ② 夹具的安装(10 分)； ③ 刀柄与刀具的设置(10 分)； ④ 工件坐标系的确定(5 分)； ⑤ 程序的调入与执行(5 分)			

任务 4.1 叶轮基础知识与叶轮编程策略

4.1.1 涡轮式叶轮概述

整体式叶轮作为动力机械的关键部件，已经被广泛地用于航空、航天及其他工业领域。整体叶轮是一类具有代表性且结构比较规范、典型的通道类复杂零件，其工作型面的设计涉及空气动力学、流体力学等多个学科。整体式叶轮的设计与制造比常规机械零件复杂得多，其加工技术也一直是制造业中的一个重要课题。从整体式叶轮的几何结构和工艺过程可以看出，加工整体式叶轮时，加工轨迹规划的约束条件比较多，相邻叶片之间的空间较小，加工时极易产生碰撞干涉，自动生成无干涉加工轨迹比较困难。因此，在加工叶轮的过程中，不仅要保证叶片表面的加工轨迹能够满足几何准确性的要求，而且由于叶片的厚度有限，还要在实际加工中注意轨迹规划，以保证加工质量。

涡轮式叶轮的建模分为轮毂(Hub)和叶片(Blade)两个部分，而叶片部分又包含包覆曲面(Shroud Surface)、压力曲面(Pressure Surface)和吸力曲面(Suction Surface)，如图 4-1-1 所示。叶轮的轮毂面和轮盖面分别由叶片中性面的根线和叶片中性面的顶线绕 Z 轴旋转而成；经过旋转轴 Z 的设计基准面为子午面。中性面是处于叶片压力面和吸力面中间位置的曲面。

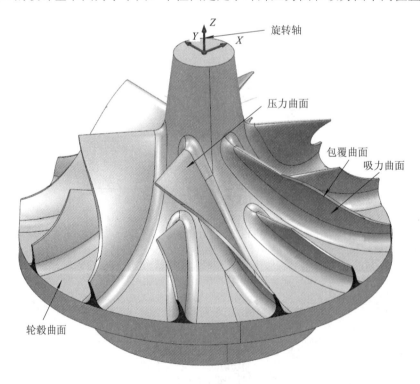

图 4-1-1 叶轮的几何构成元素示意图

　　流体从叶轮进口流进，从出口流出，相应处叶片的轮廓线分别称为进边和出边。对于半开式叶轮，轮盖面是叶片顶部曲线绕叶轮回转轴线旋转而形成的假想回转曲面。对于闭式叶轮，轮盖是一个实体，相邻的两个叶片面和轮盖面、轮毂面所围成的空间成为流体的流道。闭式叶轮可以整体铸造，也可以通过焊接方式连接轮盖和叶片。

　　涡轮式叶轮是流体机械中流体与机械进行能量转换的中介装置，一般由轮毂、叶片等组成。当流体流经叶轮时，流体冲击叶片，使流体的运动速度(方向或大小)发生改变。由于介质的惯性作用，流体对叶片产生作用力，从而使叶轮转动。随着叶轮的转动，流体的压力发生改变，实现流体能向机械能转换。

4.1.2　PowerMill 软件叶轮模块策略

　　PowerMill 软件叶轮编程模块能够缩短加工时间、提高表面精加工质量并延长刀具寿命。即使是加工经验不丰富的用户，也可以在较短时间内通过简单设置编制出利用常规编程策略较难完成的叶轮零件 NC 程序，极大地提高了编程效率。

　　叶轮编程模块类别包含加工叶盘或叶轮所需的区域清除粗加工和轮毂叶片精加工策略。叶盘策略包括：

　　(1) 对叶片进行精加工。

　　(2) 快速去除叶盘或叶轮上的材料。

　　(3) 对轮毂进行精加工。

　　(4) 对单叶片进行精加工。

　　叶轮模块中针对叶轮加工有特定定义，根据叶轮特点将叶轮分为六个部分，如图 4-1-2 所示。

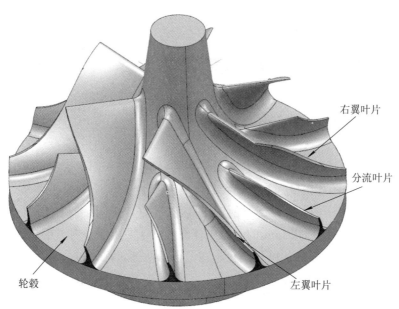

图 4-1-2　叶轮模型

(1) 轮毂：叶轮轮毂曲面。

(2) 套：叶轮的包裹曲面，如图 4-1-3 所示。

(3) 倒圆角：叶轮叶片的根部圆角曲面。

(4) 右翼叶片：叶轮叶片的吸力曲面。

(5) 左翼叶片：叶轮叶片的压力曲面。

(6) 分流叶片：叶轮叶片的分流叶片曲面。

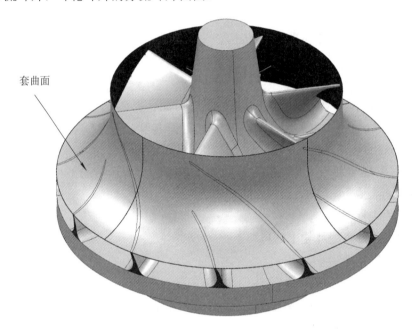

套曲面

图 4-1-3　增压叶轮套

任务 4.2　叶轮零件工艺准备

4.2.1　叶轮零件图纸分析

根据图 4-2-1 的标题栏可以确定该零件的名称，确定零件材料为 6061 铝合金，并确定图纸的绘图比例、制图和校核人员的签名与日期。

从主视图和俯视图可以看出，叶轮属于回转类零件，由两个部分组成。第一部分为外径 $\phi 36_{-0.04}^{-0.02}$ mm、高度为 $18_{-0.075}^{-0.035}$ mm 的叶轮主体部分，主要由 5 个叶片组成。第二部分为直径 $\phi 15_{-0.059}^{-0.032}$ mm、高度 12 mm 的圆柱凸台，在凸台的两侧对称分布两个直径 3.1 mm 的孔，这两个孔距离叶轮 "A" 基准面孔 26.5 mm，且孔的深度为 6 mm，孔所在的平面垂直于叶轮主体。

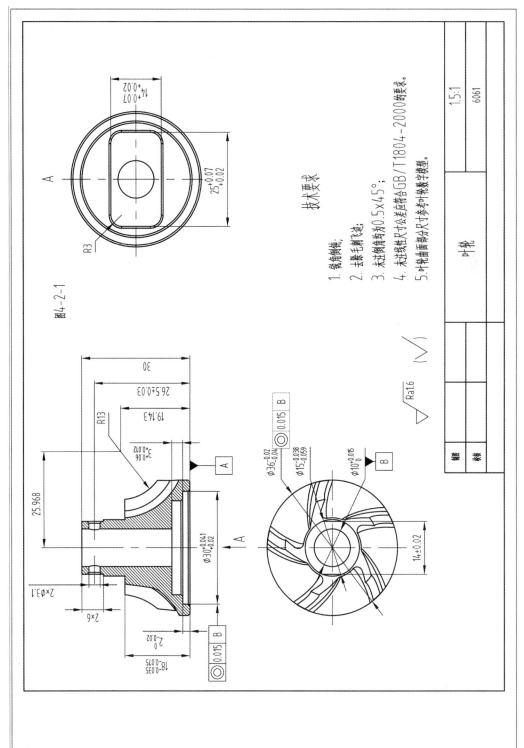

图 4-2-1　叶轮工程图图纸(教学用图)

叶轮的回转中心有一个直径 $\phi 10^{+0.015}_{0}$ mm 的通孔，该孔的轴线是零件的"B"基准。从主视图和向视图 A 可以看出，在叶轮主体部分的底面有一个直径 $\phi 30^{+0.041}_{+0.02}$ mm、深度为 $2^{0}_{-0.02}$ mm 的圆形型腔，该型腔与"B"基准的同轴度公差为 0.015 mm。此外，还有一个尺寸为 $25^{+0.07}_{+0.02}$ mm × $14^{+0.07}_{+0.02}$ mm，深度为 $3^{+0.06}_{+0.012}$ mm 的矩形型腔。

根据图纸中的技术要求，零件的未标注线性尺寸公差应符合 GB/T 1804—2000 的要求，未注倒角均为 0.5 × 45°。叶轮主体部分的曲面尺寸可以根据叶轮的数字模型得到。零件的全部表面粗糙度值 Ra = 1.6 μm。

4.2.2　叶轮零件工艺分析

1. 制定叶轮数控加工工艺

1) 零件结构分析

根据图纸可知此零件的加工比较复杂，主要包括两个方面的内容，首先是要用数控铣床和数控车削机床加工产品的外形尺寸，其次在五轴加工中心上加工产品上所有的流道与叶片。

2) 毛坯选用

零件粗毛坯材料使用 $\phi 40 × 40$(mm)6061 铝合金。在五轴机床上使用的精毛坯的外形尺寸如图 4-2-2 所示。

3) 设计夹具与确定编程坐标系

在考虑零件安装夹紧时，有多种方式可以选择，根据零件毛坯的结构，如果毛坯旋转中心没有中心定位孔，可以选择三爪卡盘的外爪进行夹紧定位，如图 4-2-3 所示。

如果毛坯中心有定位中心孔，就可以采用芯轴装夹定位。此次任务的毛坯中间有中心定位孔，因此可以充分利用零件底面直径 $\phi 30^{+0.041}_{+0.02}$ mm、深度为 $2^{0}_{-0.02}$ mm 的圆形型腔作为定位面进行定位，同时利用精毛坯上尺寸为 $25^{+0.07}_{+0.02}$ mm × $14^{+0.07}_{+0.02}$ mm、深度为 $3^{+0.06}_{+0.012}$ mm 的矩形型腔进行辅助定位，如图 4-2-4 所示。可以在夹紧中心位置加工一个 M8 螺纹，使用 M8 螺钉和垫片对零件进行夹紧，如图 4-2-5 所示。

编程坐标系可以设置在零件底面直径 $\phi 30^{+0.041}_{+0.02}$ mm、深度为 $2^{0}_{-0.02}$ mm 的圆形型腔的中心和端面，如图 4-2-6 所示。

无论采用哪一种装夹方式，都要考虑加工产品时零件的装夹定位，具体要求如下：

(1) 产品在夹紧定位后，在加工过程中注意产品不能和刀柄干涉。

(2) 刀柄不能与夹具发生干涉，如图 4-2-7 所示。

(3) 在加工过程中要注意机床主轴与夹具的干涉。

2. 编制加工工序卡

根据前面的分析分别填写表 4-2-1(机械加工工艺过程卡片)、表 4-2-2(机械加工工序卡片)和表 4-2-3(叶轮五轴加工程序单)。

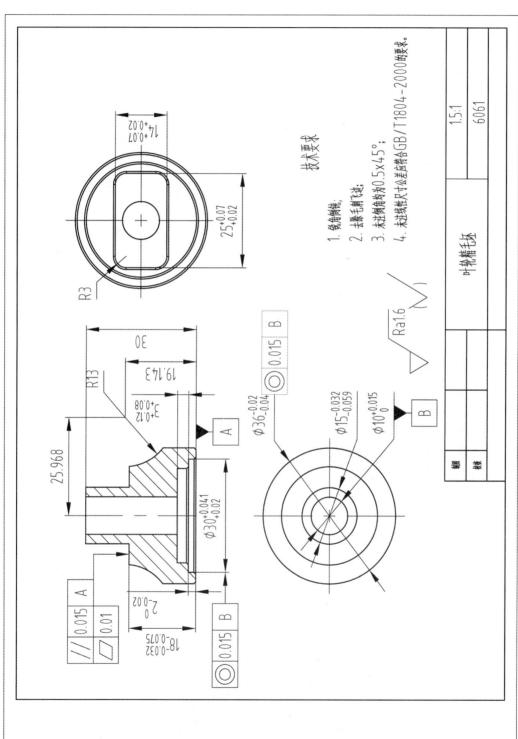

图 4-2-2　叶轮精毛坯图纸(教学用图)

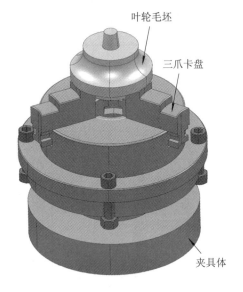

图 4-2-3　采用三爪卡盘夹紧定位毛坯

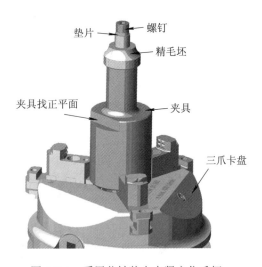

图 4-2-4　采用芯轴装夹夹紧定位毛坯

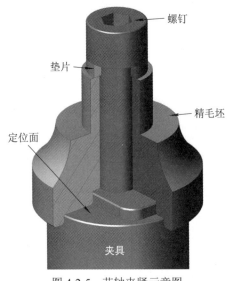

图 4-2-5　芯轴夹紧示意图

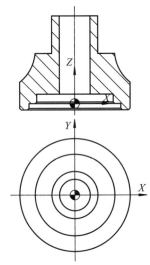

图 4-2-6　编程坐标系示意图

图 4-2-7　叶轮与刀柄发生干涉

表 4-2-1　机械加工工艺过程卡片

单位：mm

机械加工工艺过程卡片		产品型号	20220618	零部件序号			第 1 页
		产品名称	叶轮	零部件名称			共 1 页
材料牌号	6061	毛坯规格	$\phi 40 \times 40$	毛坯重量/kg		数量	1
工序号	工序名	工 序 内 容		工段	工 艺 装 备	工　时	
						准结	单件
5	备料	$\phi 40 \times 40$		外购	锯床		
10	车加工	车削外形至设计尺寸，加工直径 $\phi 10_{0}^{+0.015}$ mm 的通孔，以及直径 $\phi 30_{+0.02}^{+0.041}$ mm、深度为 $2_{-0.02}^{0}$ mm 的圆形型腔。参考图 4-2-2		车	数控车、游标卡尺、外径千分尺		
15	铣加工	铣削 $25_{+0.02}^{+0.07}$ mm × $14_{+0.02}^{+0.07}$ mm、深度为 $3_{+0.012}^{+0.06}$ mm 的矩形型腔		铣	数控铣、游标卡尺、外径千分尺		
20	铣加工	铣削零件叶片和轮毂部分		铣	五轴加工中心		
25	去毛刺	清理零件毛刺和锐角倒钝		钳			
30	检验	检测零件尺寸和几何公差		检	CMM、蓝光比对测量仪		

表 4-2-2　机械加工工序卡片 　　　　　　　　　单位：mm

| 机械加工工序卡片 | 产品型号 | 20220618 | 零部件序号 | | 第 1 页 |
| | 产品名称 | 叶轮 | 零部件名称 | | 共 1 页 |

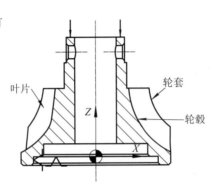

内六角螺钉
垫片
精毛坯
夹具

叶片
轮套
轮毂
Z
X

工 序 号	20
工 序 名	铣加工——叶片部分
材 料	6061
设 备	五轴加工中心
设备型号	
夹 具	
量 具	游标卡尺
	外径千分尺
准结工时	
单件工时	

工步	工 步 内 容	刀 具	主轴转速 S/(r/min)	进给速度 F/(mm/r)	切削深度 a_p/mm	工步工时 机动	工步工时 辅助
1	叶轮整体粗加工	$\phi3$ 球头刀	8000	4000	0.5		
2	叶片半精加工	$\phi3$ 球头刀	8000	4000	0.5		
3	轮毂半精加工	$\phi3$ 球头刀	8000	4000	0.5		
4	加工深度为 6 mm 的垂直平面到图纸标注尺寸	$\phi6$ 立铣刀	2800	1200	6		
5	两个直径$\phi3.1$ 到图纸标注尺寸	$\phi4$ 定心钻 $\phi3.1$ 钻头	2800 2000	100 60	2 2		
6	叶片精加工	$\phi3$ 球头刀	9000	3000	0.1		
7	轮毂精加工	$\phi3$ 球头刀	9000	3000	0.1		

表 4-2-3 叶轮五轴加工程序单

单位：mm

零件号		编程员			图档路径			机床操作员			机床号		
客户名称		材料	6061	工序号	20		工序名称	叶轮铣削加工		日期		年 月 日	

序号	加工内容	程 序 名 称	刀具号	刀具类型	刀具参数	主轴转速/(r/min)	进给速度/(mm/r)	余量(X、Y、Z方向)/mm	装夹刀长/mm	加工时间	备注
1	叶轮整体粗加工	1T1BM3-C-01	T1	球头刀	ϕ3	8000	4000	0.5/0.5	20		
2	叶片半精加工	2T1BM3-BJ-01	T1	球头刀	ϕ3	8000	4000	0.15/0.15	20		
3	轮毂半精加工	3T1BM3-BJ-01	T1	球头刀	ϕ3	8000	4000	0.15/0.15	20		
4	垂直面精加工	4T2EM6-J-01	T2	立铣刀	ϕ6	2800	1200	0/0	20		
5	ϕ3.1 mm 定位孔	5T3NC4-J-01	T3	定心钻	ϕ4	2800	100	0/0	20		
6	ϕ3.1 mm 底孔	6T4NC3.1-J-01	T4	钻头	ϕ3.1	2000	60	0/0	20		
7	叶片精加工	7T2BM3-J-01	T5	球头刀	ϕ3	9000	3000	0/0	20		
8	轮毂精加工	8T2BM3-J-01	T5	球头刀	ϕ3	9000	3000	0/0	20		
9											
10											

工件装夹示意图			毛坯尺寸	ϕ40×40	
	Z方向	毛坯底部上移2 mm	装夹方式	专用夹具＋三爪卡盘	
			五轴加工中心操作确认		
			1	工件摆放和程序对上了吗？	
			2	工件夹紧了吗？找正了吗？	
			3	分中检查了吗？寻边器杠杆表好用吗？	
			4	坐标系、输入数据确认了吗？	
			5	对刀、刀号、输入数据确认了吗？	
	X、Y方向	毛坯圆心	6	刀具直径、长度、安全高度确认了吗？	
			7	加工程序确认了吗？	
			8	加工前使用 HuiMaiTech 仿真加工了吗？	
			9	加工前试切削了吗？	

4.2.3 叶轮零件程序编制

1. 增压叶轮零件和夹具模型输入

选择并打开模型文件"整体叶轮.dgk""轮套.dgk"和"轮毂.dgk",选择并打开夹具模型文件"三爪卡盘与夹具体.dgk",然后单击用户界面最右边"查看"工具栏中的"ISO1"图标 ，接着单击"查看"工具栏中的"多色阴影"图标 ，即生成如图 4-2-8 所示的增压叶轮零件和三爪卡盘与夹具体的数字模型。

在 PowerMill 界面左边资源管理器中"工作平面"有"G54"用户坐标系,"层、组合和夹持"中有"叶轮曲面""左翼叶片""右翼叶片""圆角""轮套""轮毂"和"三爪卡盘与夹具体"七个用户层。"模型"中有"整体叶轮""轮毂""轮套"和"三爪卡盘与夹具体"四个数字模型,如图 4-2-9 所示。

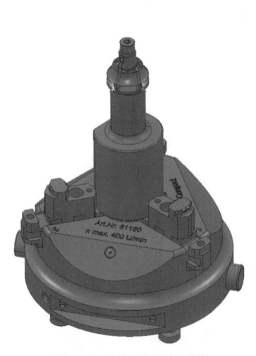

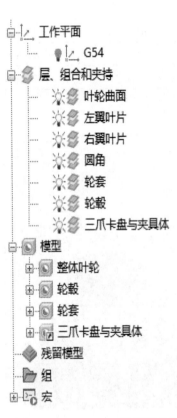

图 4-2-8 叶轮与夹具体三维图

图 4-2-9 PowerMill 资源管理器

2. 毛坯定义

打开毛坯模型文件"叶轮毛坯.dmt",绘图区变为如图 4-2-10 所示。

3. 刀具定义

由表 4-2-3 叶轮五轴加工程序单中得知,加工此增压叶轮模型共需要 5 把刀具,刀具具体几何参数见表 4-2-4。

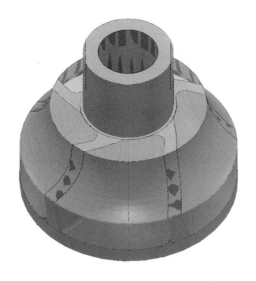

图 4-2-10　定义毛坯之后的模型

表 4-2-4　刀具几何参数

単位：mm

序号	刀具类型	刀			尖					刀 柄			夹 持			伸出
		名 称	编号	几 何 形 状						尺 寸			尺 寸			
				直径	长度	刀尖半径	锥度	锥高	锥形直径	顶部直径	底部直径	长度	顶部直径	底部直径	长度	
1	球头刀	T1-BM3	1	3	15					3	3	25	27	27	80	20
2	立铣刀	T2-EM6	2	6	15					6	6	25	27	27	80	20
3	定心钻	T3-NC4	3	4	15					4	4	30	27	27	80	20
4	钻头	T4-NC3.1	4	3.1	15					3.1	3.1	25	27	27	80	20
5	球头刀	T5-BM3	5	3	15					3	3	25	27	27	80	20

右击用户界面左边 PowerMill 资源管理器中的"刀具"，依次选择"创建刀具"→"球头刀"选项，弹出"球头刀"对话框。在此对话框中进行如下设置：

- □ "名称"改为"T1-BM3"。
- □ "直径"设置为"3.0"。
- □ "长度"设置为"15.0"。
- □ "刀具编号"设置为"1"。

设置完成之后，单击"球头刀"对话框中的"刀柄"选项卡，界面如图 4-2-11 所示，单击此对话框中"增加刀柄部件"图标 🔧，并进行如下设置：

- □ "顶部直径"设置为"3.0"。
- □ "底部直径"设置为"3.0"。

❑ "长度"设置为"25.0"。

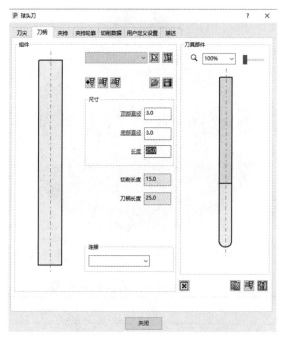

图 4-2-11   "球头刀"刀柄的设置

单击"球头刀"对话框中的"夹持"选项卡，界面如图 4-2-12 所示，单击此对话框中"增加夹持部件"图标 ，并进行如下设置：

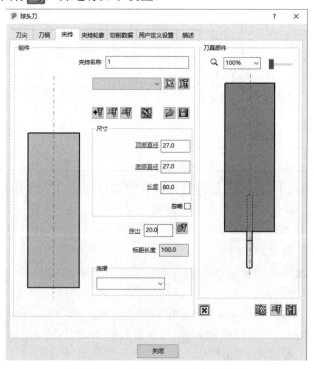

图 4-2-12   "球头刀"夹持的设置

- ❑ "顶部直径"设置为"27.0"。
- ❑ "底部直径"设置为"27.0"。
- ❑ "长度"设置为"80.0"。
- ❑ "伸出"设置为"20.0"。

参照上述建立刀具的操作过程，按表 4-4 所示刀具几何参数创建其余刀具。设置完成后的 PowerMill 浏览器如图 4-2-13 所示。

4．进给率设置

右击用户界面左边 PowerMill 资源管理器中"刀具"标签内的"T1-BM3"，选择"激活"，使得"T1-BM3"左边出现"＞"符号，这表明"T1-BM3"刀具处于被激活状态。单击用户界面上部"开始"工具栏中的"进给率"图标 ，弹出"进给和转速"对话框。

在此对话框中按表 4-2-3 所示内容进行如下设置：

- ❑ "主轴转速"设置为"8000.0"。
- ❑ "切削进给率"设置为"4000.0"。
- ❑ "下切进给率"设置为"1000.0"。
- ❑ "掠过进给率"设置为"6000.0"。

设置完成之后，单击"接受"按钮，就完成了"T1-BM3"刀具进给率的设置。使用同样的方法按表 4-2-3 所示的参数设置剩下刀具的进给率。

图 4-2-13　PowerMill 资源管理器

5．快进高度设置

单击用户界面上部"开始"工具栏中"刀具路径设置栏"中的"刀具路径连接"图标 刀具路径连接，弹出如图 4-2-14 所示的"刀具路径连接"对话框，在"安全区域"选项卡的"类型"下拉列表中选择"平面"，"工作平面"下拉列表中选择"G54"用户坐标系，"快进高度"设置为"25.0"，"下切高度"设置为"20.0"，"快进间隙"设置为"5.0"，"下切间隙"设置为"0.5"。然后在此对话框中单击"接受"按钮，就完成了快进高度的设置。

6．加工开始点和结束点的设置

继续在"刀具路径连接"对话框中，单击"开始点和结束点"选项卡，界面如图 4-2-15 所示。在此对话框"开始点"选项区中的"使用"下拉列表中选择"第一点安全高度"，"结束点"选项区中的"使用"下拉列表中使用"最后一点安全高度"，最后单击"接受"按钮，就完成了加工开始点的设置。

图 4-2-14　"刀具路径连接"对话框(1)

图 4-2-15　"刀具路径连接"对话框(2)

7. 创建刀具路径

1) 创建叶轮整体粗加工刀具路径

单击用户界面上部"开始"工具栏中的"刀具路径策略"图标 刀具路径 ，弹出"策略选择器"
对话框，单击"叶盘"标签，然后选择"叶盘区域清除"选项，单击"确定"按钮将弹出
"叶盘区域清除"对话框。

在此对话框中进行如下设置：

- ❑ "刀具路径名称"改为"1T1BM3-C-01"。
- ❑ "轮毂"下拉列表中选择"轮毂"。
- ❑ "套"下拉列表中选择"轮套"。
- ❑ "左翼叶片"下拉列表中选择"左翼叶片"。
- ❑ "右翼叶片"下拉列表中选择"右翼叶片"。
- ❑ "公差"设置为"0.1"。
- ❑ "余量"设置为 0.5。
- ❑ "行距"设置为 0.5。
- ❑ "下切步距"设置为 0.5。
- ❑ "加工"下拉列表中选择"全部"，然后点击"总数"右边的"计算"按键，计算
叶片总数，计算结果为"5"。

在"叶盘区域清除"对话框中，使用鼠标左键单击"组件余量"按钮 ，系统弹出"组
件余量"对话框，如图 4-2-16 所示。接着在用户界面中单击"组件余量"对话框中的"智
能选取"按钮 ，弹出"选择"对话框，如图 4-2-17 所示。在"选择"对话框中的"按...
选择"下拉列表中选择"层或组合"。在"层和组合"下级选项中选择"轮套"，然后单击

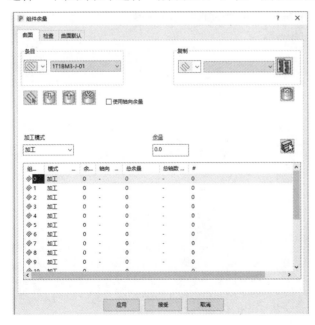

图 4-2-16　"组件余量"对话框　　　　　　　图 4-2-17　选择轮套层

"增加到过滤器并选取"按键 >，依次单击"应用""关闭"按钮回到"组件余量"对话框，在此对话框中"加工模式"下拉列表中选择"忽略"，如图 4-2-18 所示。最后依次单击"组件余量"对话框中的"应用""接受"按钮回到"叶盘区域清除"对话框。

在"叶盘区域清除"对话框中，单击 工作平面 标签，在"工作平面"下拉列表中选择"G54"，如图 4-2-19 所示。

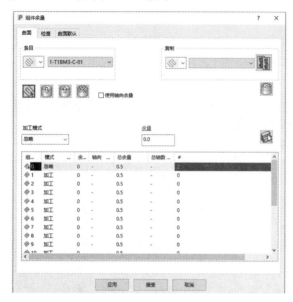

图 4-2-18　组件余量选择结果　　　　　　　　图 4-2-19　工作平面选择

单击 刀具 标签，在刀具选择下拉列表中选择刀具"T1-BM3"，单击 剪裁 标签，在"剪裁"对话框中的"毛坯"下拉列表中选择"允许刀具中心在毛坯以外" 。

单击 加工 标签，在"加工"对话框中进行如下设置：

❑ "切削方向"下拉列表中选择"顺铣"。

❑ "偏移"下拉列表中选择"合并"。

❑ "方法"下拉列表中选择"平行"。

❑ "排序方式"下拉列表中选择"区域"。

设置结果如图 4-2-20 所示。

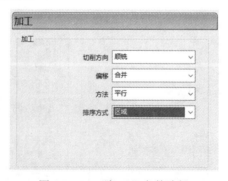

图 4-2-20　"加工"参数选择

单击 自动检查 标签，在"自动检查"对话框中进行如下设置：

- ❏ "主轴头间隙"设置为"600.0"。
- ❏ 勾选"自动碰撞检查"。
- ❏ "夹持间隙"设置为"0.0"。
- ❏ "刀柄间隙"设置为"0.0"。

设置结果如图 4-2-21 所示。

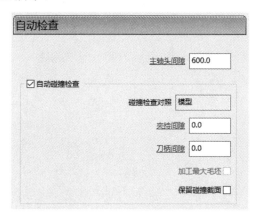

图 4-2-21　"自动检查"参数选择

单击 刀轴 标签中的"刀轴"选项。在"刀轴"对话框中进行如下设置：
- ❏ "刀轴"下拉列表中选择"自动"。
- ❏ "刀轴仰角"下拉列表中选择"平均轮毂法线"。
- ❏ 勾选"刀轴光顺"。

单击 快进移动 标签中的"刀轴"选项。在"快进移动"对话框中进行如下设置：
- ❏ "安全区域"下拉列表中选择"圆柱"。
- ❏ "用户坐标系"下拉列表中选择"G54"。
- ❏ "法线"设置为"0.0,0.0,1.0"。
- ❏ "快进半径"设置为 25.0。
- ❏ "下切半径"设置为 20.0。

单击 切入切出和连接 切入 标签中的"切入"选项。在"切入"对话框中的"第一选择"下拉列表中选择"延长移动"，"长度"设置为"3.0"。单击"切出和切入相同"按钮 ，把"切入"的参数全部复制给"切出"，如图 4-2-22 所示。单击"连接"选项，在"连接"对话框中的"第一选择"下拉列表中选择"圆形圆弧"，"应用约束"中"距离"设置为"5000.0"。"第二选择"下拉列表中选择"掠过"，"默认"下拉列表中选择"相对"。设置结果如图 4-2-23 所示。

单击 开始点 标签，在"开始点"对话框中进行如下设置：
- ❏ "使用"下拉列表中选择"第一点安全高度"。
- ❏ "沿...接近"下拉列表中选择"刀轴"。
- ❏ "接近距离"设置为"5.0"。

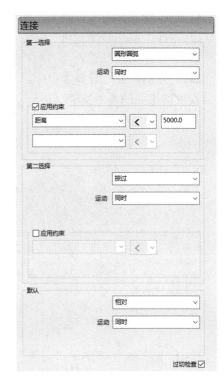

图 4-2-22 "切入"选项   图 4-2-23 "连接"选项

单击 结束点 标签，在"结束点"对话框中进行如下设置：

❑ "使用"下拉列表中选择"最后一点安全高度"。

❑ "沿...接近"下拉列表中选择"刀轴"。

❑ "接近距离"设置为"5.0"。

"叶盘区域清除"对话框的其余参数默认，设置完成之后单击"计算"按钮。刀具路径生成之后，单击"关闭"按钮，接着单击用户界面最右边"查看"工具栏中的"ISO1"图标，"1T1BM3-C-01"粗加工刀具路径示意图如图 4-2-24 所示。

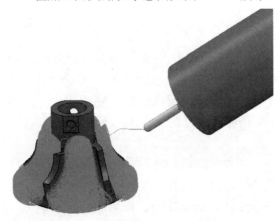

图 4-2-24 "1T1BM3-C-01"粗加工刀具路径

2) 创建叶片半精加工刀具路径

单击用户界面上部"开始"工具栏中的"刀具路径策略"图标 ，弹出如图 4-2-25 所示的"策略选择器"对话框。

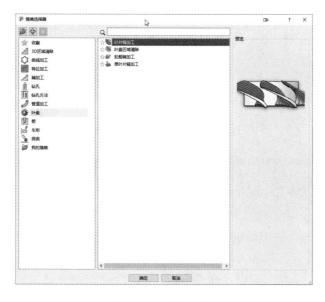

图 4-2-25　策略选择器

单击"叶盘"标签，然后选择"叶片精加工"选项，在弹出的对话框中进行如下设置：

- ❑ "刀具路径名称"改为"2T1BM3-BJ-01"。
- ❑ "轮毂"下拉列表中选择"轮毂"。
- ❑ "套"下拉列表中选择"轮套"。
- ❑ "左翼叶片"下拉列表中选择"左翼叶片"。
- ❑ "右翼叶片"下拉列表中选择"右翼叶片"。
- ❑ "公差"设置为"0.05"。
- ❑ "余量"设置为"0.15"。
- ❑ "下切步距"设置为"0.5"。
- ❑ "加工"下拉列表中选择"全部"，然后点击"总数"右边的"计算"按键，计算叶片总数，计算结果为"5"。

在"叶片精加工"对话框中，使用鼠标左键单击"组件余量"按钮 ，系统弹出"组件余量"对话框，如图 4-2-26 所示。接着在用户界面中单击"组件余量"对话框中的"智能选取"按钮 ，弹出"选择"对话框，如图 4-2-27 所示。在"选择"对话框中的"按…选择"下拉列表中选择"层或组合"。在"层和组合"下级选项中选择"轮套"，然后单击"增加到过滤器并选取"按键 ＞ 。再依次单击"应用""关闭"按钮回到"组件余量"对话框，在此对话框中"加工方式"下拉列表中选择"忽略"。最后再单击"组件余量"对话框中的"应用""接受"按钮回到"叶片精加工"对话框。

图 4-2-26 "组件余量"对话框　　　　图 4-2-27 选择轮套层

单击  **刀具** 标签，在刀具选择下拉列表中选择"T1-BM3"。

单击 **加工** 标签，在"加工"对话框中进行如下设置：

❑ "切削方向"下拉列表中选择"顺铣"。

❑ "偏移"下拉列表中选择"合并"。

❑ "操作"下拉列表中选择"加工左翼叶片"。

❑ "排序方式"下拉列表中选择"区域"。

❑ "开始位置"下拉列表中选择"底部"。

单击 **自动检查** 标签，在"自动检查"对话框中进行如下设置：

❑ "主轴头间隙"设置为"600.0"。

❑ 勾选"自动碰撞检查"。

❑ "夹持间隙"设置为"0.0"。

❑ "刀柄间隙"设置为"0.0"。

单击 **刀轴** 标签中的"刀轴"选项。在"刀轴"对话框中进行如下设置：

❑ "刀轴"下拉列表中选择"自动"。

❑ "刀轴仰角"下拉列表中选择"平均轮毂法线"。

❑ 勾选"刀轴光顺"。

单击 **快进移动** 标签。在"快进移动"对话框中进行如下设置：

❑ "安全区域"下拉列表中选择"圆柱"。

❑ "工作平面"下拉列表中选择"G54"。

❑ "法线"设置为"0.0,0.0,1.0"。

❑ "快进半径"设置为"25.0"。

❑ "下切半径"设置为"20.0"。

单击 **切入切出和连接** 标签中的"切入"选项。在"切入"对话框中的"第一选择"下拉列表中选择"延长移动"，"长度"设置为"3.0"。单击"切出和切入相同"按钮，把"切入"

的参数全部复制给"切出"。单击"连接"选项,在"第一选择"下拉列表中选择"圆形圆弧","第二选择"下拉列表中选择"掠过","默认"下拉列表中选择"相对","长/短分界值"设置为"5000.0"。

单击 🔩 **开始点** 标签,在"开始点"对话框中设置如下参数:

❑ "使用"下拉列表中选择"第一点安全高度"。

❑ "沿...进刀"下拉列表中选择"刀轴"。

❑ "接近距离"设置为"5.0"。

❑将坐标值栏中 Z 值修改为"50.0"。

单击 🔩 **结束点** 标签,在"结束点"对话框中进行如下设置:

❑ "使用"下拉列表中选择"最后一点安全高度"。

❑ "沿...退刀"下拉列表中选择"刀轴"。

❑ "接近距离"设置为"5.0"。

❑ 将坐标值栏中 Z 值修改为"50.0"。

"叶片精加工"对话框的其余参数默认,设置完成之后单击"计算"按钮。刀具路径生成之后,单击"取消"按钮,接着单击用户界面最右边"查看"工具栏中的"ISO1"图标 📦,"2T1BM3-BJ-01"半精加工刀具路径示意图如图 4-2-28 所示。

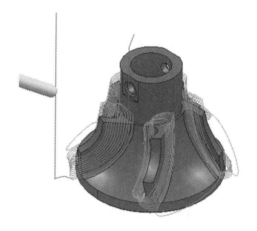

图 4-2-28 "2T1BM3-BJ-01"半精加工刀具路径

3) 创建轮毂半精加工刀具路径

单击用户界面上部"开始"工具栏中的"刀具路径策略"图标 📏刀具路径,单击"叶盘"标签,然后选择"轮毂精加工"选项,在弹出的对话框中进行如下设置:

❑ "刀具路径名称"改为"3T1BM3-BJ-01"。

❑ "轮毂"下拉列表中选择"轮毂"。

❑ "套"下拉列表中选择"轮套"。

❑ "左翼叶片"下拉列表中选择"左翼叶片"。

❑ "右翼叶片"下拉列表中选择"右翼叶片"。

❑ "公差"设置为"0.05"。

❑ "余量"设置为"0.2"。

❑ "行距"设置为"0.3"。

❑ "加工"下拉列表中选择"所有叶片",然后点击"总数"右边的"计算"按键,
计算叶片总数,计算结果为"5"。

在"轮毂精加工"对话框中,使用鼠标左键点击"组件余量"按钮 ,系统弹出"组
件余量"对话框,如图 4-2-29 所示。接着在用户界面中选择"组件余量"对话框中的"智
能选取"按键 ,弹出"选择"对话框,如图 4-2-30 所示。在"选择"对话框中的"按...
选择"下拉列表中选择"层或组合"。在"层和组合"下级选项中选择"轮套",然后单击
"增加到过滤器并选取"按键 。依次单击"应用""关闭"按钮回到"组件余量"对话
框,在此对话框中"加工方式"下拉列表中选择"忽略"。最后再单击"组件余量"对话框
中的"应用""接受"按钮回到"叶片精加工"对话框。

图 4-2-29 "组件余量"对话框

图 4-2-30 选择轮套层

单击 刀具 标签,在刀具选择下拉列表中选择"T1-BM3"。

单击 剪裁 标签,在"剪裁"对话框中"毛坯"下拉列表中选择"允许刀具中心
在毛坯以外" 。

单击 加工 标签,在"加工"对话框的"切削方向"下拉列表中选择"顺铣"。

单击 自动检查 标签,在"自动检查"对话框中进行如下设置:

❑ "主轴头间隙"设置为"600.0"。

❑ 勾选"自动碰撞检查"。

❑ "夹持间隙"设置为"0.0"。

❑ "刀柄间隙"设置为"0.0"。

单击 刀轴 标签中的"刀轴"选项。在"刀轴"对话框中进行如下设置:

❑ "刀轴"下拉列表中选择"自动"。

❑ "刀轴仰角"下拉列表中选择"平均轮毂法线"。

❑ 勾选"刀轴光顺"。

单击 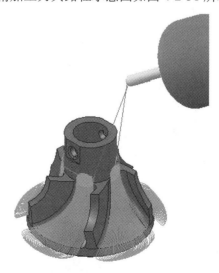 **快进移动** 标签中"刀轴"选项。在"快进移动"对话框中进行如下设置：

❑ "安全区域"下拉列表中选择"圆柱"。

❑ "用户坐标系"下拉列表中选择"G54"。

❑ "法线"设置为"0.0,0.0,1.0"。

❑ "快进半径"设置为"25.0"。

❑ "下切半径"设置为"20.0"。

单击 **切入切出和连接** 标签中的 "切入"选项。在"切入"对话框中的"第一选择"下拉列表中选择"延长移动","长度"设置为"3.0"。并且勾选"增加切入切出到短连接"，单击"切出和切入相同"按钮 ，把"切入"的参数全部复制给"切出"。单击"连接"选项，在"第一选择"下拉列表中选择"圆形圆弧"，"第二选择"下拉列表中选择"掠过"，"默认"下拉列表中选择"相对"，"距离"设置为"5000.0"。

单击 **开始点** 标签，在"开始点"对话框中设置如下参数：

❑ "使用"下拉列表中选择"第一点安全高度"。

❑ "沿...进刀"下拉列表中选择"刀轴"。

❑ "接近距离"设置为"5.0"。

❑ 将坐标值栏中 Z 值修改为"50.0"。

单击 **结束点** 标签，在"结束点"对话框中设置如下参数：

❑ "使用"下拉列表中选择"最后一点安全高度"。

❑ "沿...退刀"下拉列表中选择"刀轴"。

❑ "接近距离"设置为"5.0"。

❑ 将坐标值栏中 Z 值修改为"50.0"。

"轮毂精加工"对话框的其余参数默认，设置完成之后单击"计算"按钮。刀具路径生成之后，单击"关闭"按钮，接着单击用户界面最右边"查看"工具栏中的"ISO1"图标 ，"3T1BM3-BJ-01"半精加工刀具路径示意图如图 4-2-31 所示。

图 4-2-31　"3T1BM3-BJ-01"半精加工刀具路径

4) 创建垂直面精加工刀具路径

通过"策略选择器"选择"SWARF 精加工"选项，在弹出的对话框中进行如下设置：

❑ "刀具路径名称"改为"4-T2EM6-J-01"。

❑ "平均轴对齐"下拉列表中选择"沿 Z 轴"。

❑ "径向偏移"设置为"0"。

❑ "最小展开距离"设置为"0"。

❑ "公差"设置为"0.01"。

❑ "切削方向"下拉列表中选择"顺铣"。

❑ "余量"设置为"0"。

其余参数设置如图 4-2-32 所示。

图 4-2-32 SWARF 精加工对话框

单击 刀具 标签，在刀具选择下拉列表中选择"T2-EM6"。

单击 剪裁 标签，在"剪裁"对话框中的"毛坯"下拉列表中选择"允许刀具中心在毛坯以外" 。

在 位置 避免过切 多重切削 三个标签中分别进行设置，如图 4-2-33 所示。

(a)　位置设置

(b)　避免过切设置

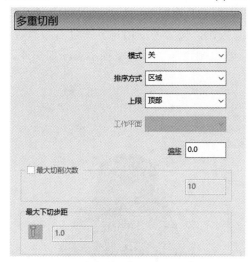

(c)　多重切削设置

图 4-2-33　SWARF 精加工参数设置

单击 自动检查 标签，在"自动检查"对话框中进行如下设置：

❑ "主轴头间隙"设置为"600.0"。

❑ 勾选"自动碰撞检查"。

❑ "夹持间隙"设置为"0.0"。

❑ "刀柄间隙"设置为"0.0"。

单击 刀轴 标签中"刀轴"选项。在"刀轴"对话框中进行如下设置：

❑ "刀轴"下拉列表中选择"自动"。

❑ 勾选"刀轴光顺"。

单击 快进移动 标签中"刀轴"选项。在"快进移动"对话框中进行如下设置：

❑ "安全区域"下拉列表中选择"平面"。

❑ "用户坐标系"下拉列表中选择"G54"。

❑ "法线"设置为"0.0,0.0,1.0"。

❑ "快进高度"设置为"100.0"。

❑ "下切高度"设置为"50.0"。

单击 开始点 标签，在"开始点"对话框中进行如下设置：

❑ "使用"下拉列表中选择"第一点安全高度"。

❑ "沿...进刀"下拉列表中选择"刀轴"。

❑ "接近距离"设置为"5.0"。

❑ 将坐标值栏中的 Z 值修改为"50.0"。

单击 结束点 标签，在"结束点"对话框中进行如下设置：

❑ "使用"下拉列表中选择"最后一点安全高度"。

❑ "沿...退刀"下拉列表中选择"刀轴"。

❑ "接近距离"设置为"5.0"。

❑ 将坐标值栏中的 Z 值修改为"50.0"。

"SWARF 精加工"对话框的其余参数默认，设置完成之后单击"计算"按钮。刀具路径生成之后，单击"关闭"按钮，接着单击用户界面最右边"查看"工具栏中的"ISO1"图标 🗔，"4T2EM6-J-01"垂直面精加工刀具路径示意图如图 4-2-34 所示。

图 4-2-34 "4T2EM6-J-01"垂直面精加工刀具路径

5) 创建 ϕ 3.1 mm 定位孔刀具路径

按照项目一中学习的创建孔特征的方法，创建如图 4-2-35 所示的孔特征。

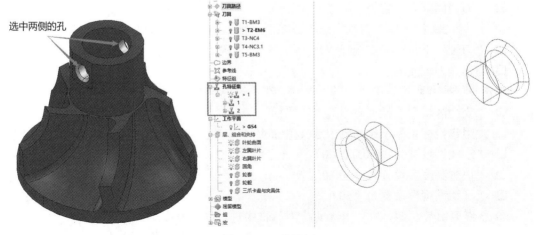

图 4-2-35 孔特征

单击用户界面上部"开始"工具栏中的"刀具路径策略"图标 刀具路径，弹出如图 4-2-36 所示的"策略选择器"对话框。

图 4-2-36　策略选择器

单击"钻孔"标签，然后选择"钻孔"选项，单击"接受"按钮，将弹出如图 4-2-37 所示的"钻孔"对话框。

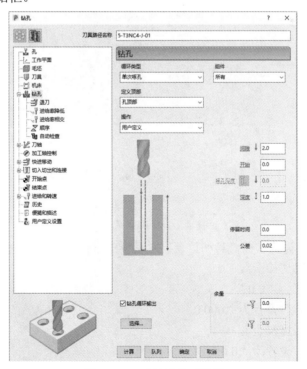

图 4-2-37　"钻孔"对话框

在此对话框中进行如下设置：

❑ "刀具路径名称"改为"5-T3NC4-J-01"。

❑ "循环类型"下拉列表中选择"单次啄孔"。

❑ "定义顶部"下拉列表中选择"孔顶部"。

❑ "操作"下拉列表中选择"用户定义"。

❑ "间隙"设置为"2.0"。

❑ "开始"设置为"0"。

❑ "深度"设置为"1.0"。

❑ "停留时间"设置为"0"。

❑ "公差"设置为"0.02"。

❑ 勾选"钻孔循环输出"。

❑ "余量"设置为"0"。

单击 🔟刀具 标签，在刀具选择下拉列表中选择刀具"T3-NC4"，如图 4-2-38 所示。

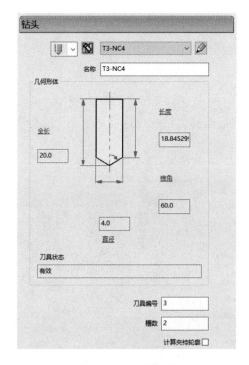

图 4-2-38   刀具选择

单击 🔧自动检查 标签，在"自动检查"对话框中进行如下设置：

❑ 勾选"模型过切检查"。

❑ "余量"设置为"0.0"。

❑ "主轴头间隙"设置为"600.0"。

❑ 勾选"自动碰撞检查"。

❑ "夹持间隙"设置为"0.0"。

❑ "刀柄间隙"设置为"0.0"。

设置结果如图 4-2-39 所示。

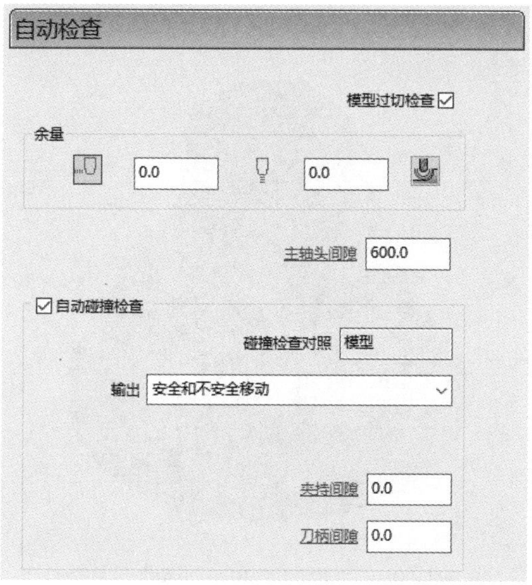

图 4-2-39　"自动检查"参数选择

单击 刀轴 标签中"刀轴"选项。在"刀轴"对话框中进行如下设置：

❑ "刀轴"下拉列表中选择"自动"。

❑ 勾选"刀轴光顺"。

单击 快进移动 标签中"刀轴"标签。在"快进移动"对话框中进行如下设置：

❑ "安全区域"下拉列表中选择"圆柱"。

❑ "用户坐标系"下拉列表中选择"G54"。

❑ "法线"设置为"0.0,0.0,1.0"。

❑ "快进半径"设置为"100.0"。

❑ "下切半径"设置为"50.0"。

单击 开始点 标签，在"开始点"对话框中进行如下设置：

❑ "使用"下拉列表中选择"第一点安全高度"。

❑ "沿...进刀"下拉列表中选择"刀轴"。

❑ "接近距离"设置为"5.0"。

❑ 将坐标值栏中的值修改为"–20.0，0.0，50.0"。

单击 结束点 标签，在"结束点"对话框中进行如下设置：

❑ "使用"下拉列表中选择"最后一点安全高度"。

❑ "沿...退刀"下拉列表中选择"刀轴"。

❑ "接近距离"设置为"5.0"。

❑ 将坐标值栏中的值修改为"20.0，0.0，50.0"。

"钻孔"对话框的其余参数默认，设置完成之后单击"计算"按钮。刀具路径生成之后，单击"关闭"按钮，接着单击用户界面最右边"查看"工具栏中的"ISO1"图标 ，"5T3NC4-J-01"钻孔刀具路径示意图如图 4-2-40 所示。

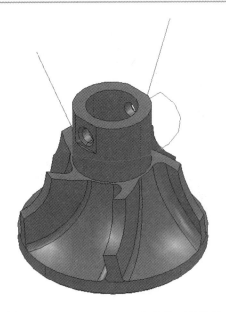

图 4-2-40 "5T3NC4-J-01"钻孔刀具路径

6) 创建 ϕ3.1 mm 底孔刀具路径

按照上述建立"5-T3NC4-J-01"刀具路径的方法，只是在"钻孔"对话框中将"刀具路径名称"改为"6T4NC3.1-J-01"，"刀具"下拉列表中选择"T4-NC3.1"，"钻孔"页面参数如图 4-2-41 所示，其余参数参照"5-T3NC4-J-01"刀具路径中的设置。然后计算刀具路径，得到如图 4-2-42 所示的"6T4NC3.1-J-01"刀具路径。

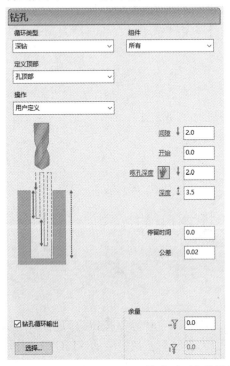

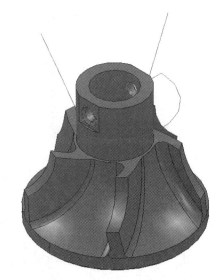

图 4-2-41 "6T4NC3.1-J-01"钻孔页面参数设置　　　图 4-2-42 "6T4NC3.1-J-01"钻孔刀具路径

7) 创建叶片精加工刀具路径

按照上述建立"2T1BM3-BJ-01"刀具路径的方法，只是在"叶片精加工"对话框中将"刀具路径名称"改为"7T5BM3-J-01"，"刀具"下拉列表中选择"T5-BM3"，"公差"设置为 0.01，"余量"设置为 0.0，"下切步距"设置为 0.1，其余参数不变。然后计算刀具路径，得到如图 4-2-43 所示的"7T5BM3-J-01"刀具路径。

8) 创建轮毂精加工刀具路径

按照上述建立"3T1BM3-BJ-01"刀具路径的方法，只是在"叶片精加工"对话框中将"刀具路径名称"改为"8T5BM3-J-01"，"刀具"下拉列表中选择"T5-BM3"，"公差"设置为 0.01，"余量"设置为 0.0，"行距"设置为 0.1，其余参数不变。然后计算刀具路径，得到如图 4-2-44 所示的"8T5BM3-J-01"刀具路径。

图 4-2-43　"7T5BM3-J-01"刀具路径　　　　图 4-2-44　"8T5BM3-J-01"刀具路径

4.2.4　叶轮铣削加工程序检查及后处理

1. 叶轮铣削加工程序检查

1) 仿真前的准备

在菜单栏上直接选择"仿真"工具栏，如图 4-2-45 所示。

图 4-2-45　仿真工具栏

2) 刀具路径仿真

将鼠标移至 PowerMill 资源管理器中"刀具路径"下的 "1T1BM3-C-01"，单击鼠标右键，选择"激活"选项，再一次单击鼠标右键，选择"自开始仿真"选项。

接着单击"仿真"工具栏中"ViewMill"中的"开/关 ViewMill"图标 ⬤，此时将打开

"ViewMill"工具栏，如图 4-2-46 所示。然后选择"模式"中的"固定方向"，如图 4-2-47 所示。这时绘图区进入仿真界面，如图 4-2-48 所示。

单击"仿真"工具栏中的"运行"图标 ▶，执行"1T1BM3-C-01"刀具路径的仿真，仿真结果如图 4-2-49 所示。

依据上述仿真方法，分别仿真其他刀具路径。

图 4-2-46 "ViewMill"工具栏

图 4-2-47 选择"固定方向"

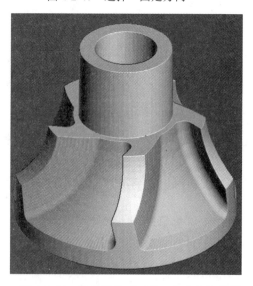

图 4-2-48 仿真界面显示

图 4-2-49 刀具路径"1T1BM3-C-01"仿真

3）退出仿真

单击"仿真"工具栏中"ViewMill"中的"退出 ViewMill"图标 ⏻，此时将打开"PowerMill 查询"对话框，然后单击"是(Y)"按钮，退出加工仿真。

2. 叶轮铣削加工程序后处理

如图 4-2-50 所示，将鼠标移至 PowerMill 浏览器中的"NC 程序"，单击鼠标右键，选择"首选项"选项，将弹出如图 4-2-51 所示的"NC 首选项"对话框。

图 4-2-50 NC 程序参数选择   图 4-2-51 "NC 首选项"对话框

　　在此对话框中单击"输出文件夹"右边的"浏览选取输出目录"图标 📁，选择路径 E:\NC(此文件夹必须存在)，接着单击"机床选项文件"右边的"浏览选取读取文件"图标 📁，将弹出如图 4-2-52 所示的"选择选项文件"对话框，在此对话框中单击"浏览本地选项文件"图标 📁，再次弹出如图 4-2-53 所示的"选择选项文件"对话框，接着选择要使用的机床后置文件。

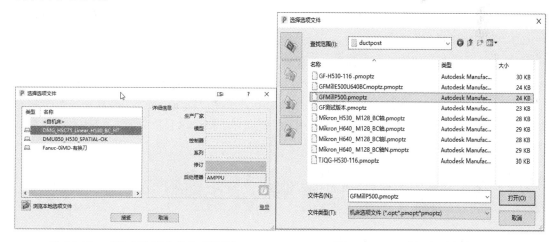

图 4-2-52 "选择选项文件"对话框   图 4-2-53 "选择选项文件"对话框

　　选择"GFMillP500.pmoptz"文件，并单击"打开"→"接受"。最后单击"NC 首选项"对话框中"输出工作平面"的下拉菜单，选择"G54"，然后单击"关闭"按钮。

　　接着将鼠标移至刀具路径"1T1BM3-C-01"，单击鼠标右键，选择"创建独立的 NC 程序"选项，然后对其余刀具路径进行同样的操作，结果如图 4-2-54 所示。

图 4-2-54　PowerMill 资源管理器——NC 程序浏览

最后将鼠标移至"NC 程序"，单击鼠标右键，选择"写入所有"选项，程序自动运行产生 NC 代码。完成之后在文件夹 E:\NC 下将产生 8 个 .tap 格式的文件：1T1BM3-C-01.tap、2T1BM3-BJ-01.tap 等。读者可以通过记事本分别打开这 8 个文件，查看 NC 数控代码。

3. 保存加工项目

单击用户界面上部菜单"文件"→"保存"，弹出"保存项目为"对话框，在"保存在"文本框中输入路径 D:\TEMP\增压叶轮，然后单击"保存"按钮。

此时可以看到在文件夹 D:\TEMP 下将保存项目文件"增压叶轮"。项目文件的图标为 ，其功能类似于文件夹，在此项目的子路径中保存了这个项目的信息，包括毛坯信息、刀具信息和刀具路径信息等。

任务 4.3　叶轮零件仿真训练

4.3.1　仿真前准备工作

1. 打开软件，机床初始化

打开"文件"菜单，单击"新建"命令，弹出"选择机床"对话框，如图 4-3-1 所示。此操作即为选择使用的机床和控制系统。

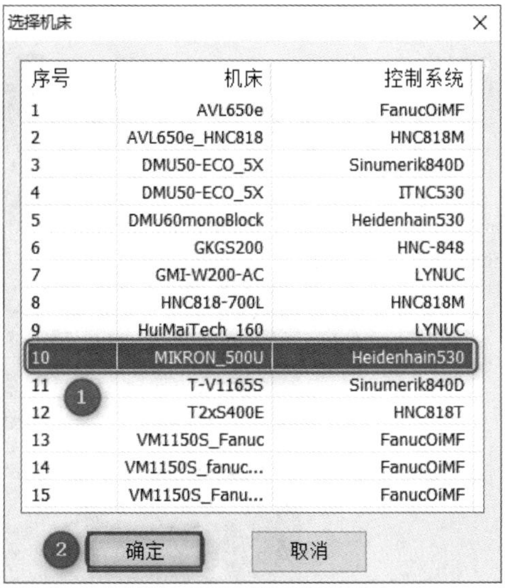

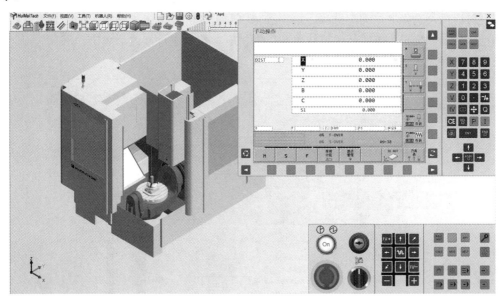

图 4-3-1 机床及控制器选择对话框

将 MIKRON_500U 五轴机床调入软件工作区，控制系统为 Heidenhain530 系统，单击继电器上的 ⊙ 上电，再单击 "CE" 键 **CE**，完成机床初始化操作。仿真机床界面如图 4-3-2 所示。

图 4-3-2 仿真机床界面

2. 设置毛坯和夹具

单击菜单栏上的 "设置毛坯" 图标 ⬡，选择 "异型毛坯"，需要在建模软件上设计出毛坯和夹具将其导出为 STL 格式，点击 ⋯ 按钮将毛坯与夹具分别导入即可，如图 4-3-3 所示。注意：夹具和毛坯导出时，需要夹具底面中心在世界坐标系上。

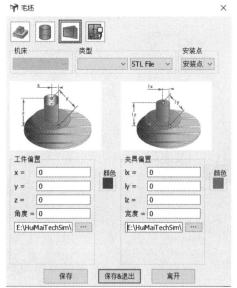

图 4-3-3　毛坯及夹具加载

3. 设置刀具

单击菜单栏上的"设置刀具"图标，弹出"机床刀具"对话框，如图 4-3-4 所示。创建加工用刀具：T1-ϕ3mm(伸 20 mm)，右击刀具号码"T1"，单击"设定"，弹出"刀具选择"对话框，选择"球刀"选项，单击选择"球刀 3.0"，单击"确定"关闭"刀具选择"对话框。单击"编辑"按钮，如需修改则单击相应参数后进行修改后单击"保存"，其他刀具设置方法参照上述操作。

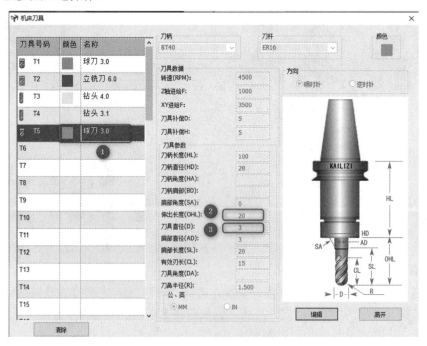

图 4-3-4　刀具库创建对话框

4. 建立刀具长度

在刀具库中定义好相应刀具之后，单击"手动操作"按钮 ，单击 下方按钮 ，可进入刀具信息参数表，再单击 下方按钮，切换到"开启"模式，对刀具信息参数表进行编辑修改。以 1 号刀为例，单击功能栏 图标，查看 1 号刀具信息中"HL"和"OHL"这两个参数，相加就是理论刀长值，将此刀长值输入到刀具表 1 号刀位置，如图 4-3-5 所示。

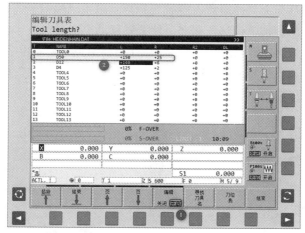

图 4-3-5　控制器刀具参数设置

5. 刀长自动测量

单击 MDI 方式按键 ，手工输入刀长自动测量循环指令，首先单击按键 (TOUCH PROBE)，调出测量循环指令选项列表，单击图标 下方按键 ，自动输入测量循环 481，连续单击按键 (ENT)，设置参数值为默认，单击按键 ，将光标移动到第一行，然后单击按键 (TOOL CALL)插入刀具调动指令，按顺序输入刀号 1，转速 S100，连续单击 ENT 键完成输入。单击程序启动键 ，调取刀具并自动测量刀长，完成上述操作后，进入刀具表信息界面，此时显示的刀具长度即为实际刀具总长，如图 4-3-6 所示。对 2、3、4、5 号刀依次进行刀长测量。

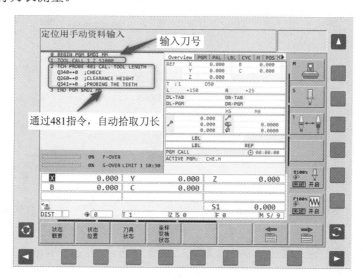

图 4-3-6　手工编程自动测量刀长

4.3.2 装夹及找正准备

单击菜单栏上的 图标隐藏附件，单击按键 ，进入手动模式，单击屏幕控制面板上右侧面板中的 和 按键，利用"前视图"和"右视图"切换方位，通过"手动"和"手轮"方式进行轴向移动，如图 4-3-7 所示。当切削到工件上表面时，再单击"改变原点"按钮，将光标移至夹具顶端点击 光标后，单击"编辑当前字段"按钮，修正 Z 轴坐标值，将当前 Z 轴值加上偏移值 33.5，使 Z 轴移动至夹具原点。将对应坐标系的 X 和 Y 轴处设置为"0"，如图 4-3-8 所示。单击"保存当前原点"后，再单击"激活原点"，激活刚刚创建的坐标系，然后将刀具远离工件表面，单击"主轴停止"按钮。

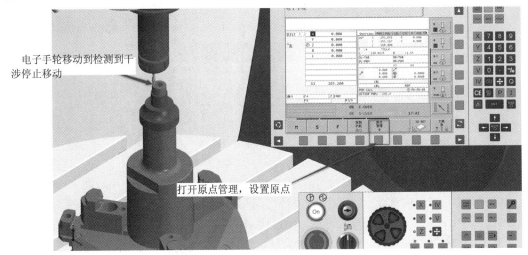

图 4-3-7　坐标原点创建

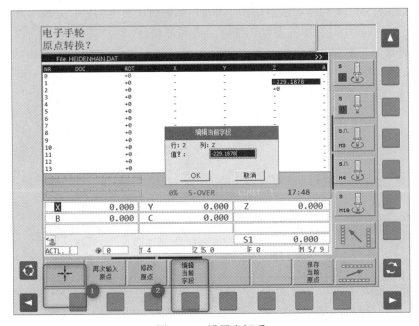

图 4-3-8　设置坐标系

4.3.3 零件仿真加工

1. 导入 NC 程序

将 CAM NC 代码拷贝到 TNC 文件夹之下，路径为：D:\Program Files\HuiMaiTechSim\Controller\Heidenhain\TNC，如图 4-3-9 所示。

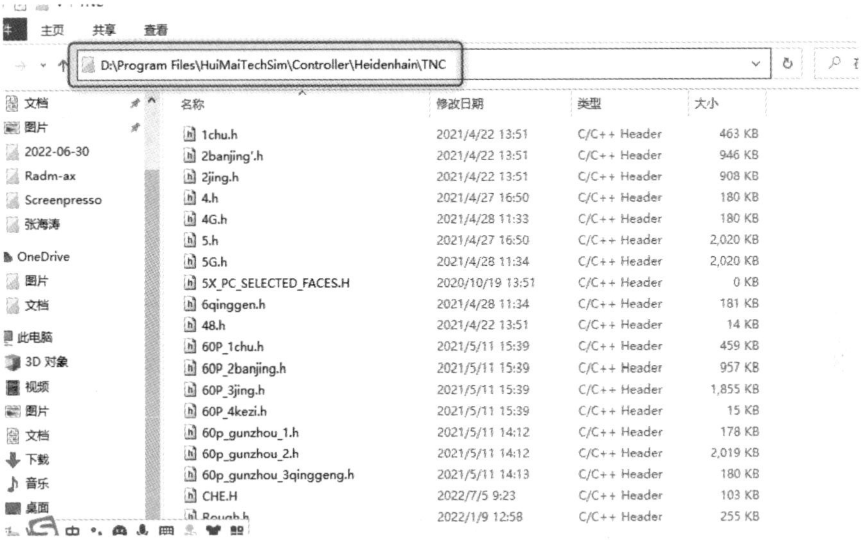

图 4-3-9 NC 程序导入

2. 调用加工程序

单击自动运行按钮 ，单击程序管理按钮 ，鼠标双击需要导入的程序，单击 "程序启动" 按钮 ，如图 4-3-10 所示。

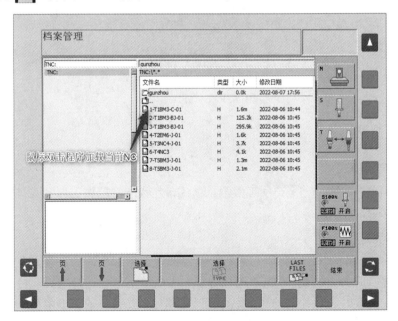

图 4-3-10 加载 NC 程序

3．程序运行加工

单击倍率调节按钮 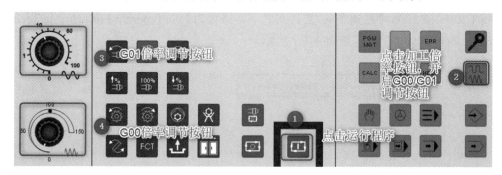，通过调节倍率按钮来调节加工时 G00、G01 的速度，如图 4-3-11 所示。也可以通过软件模拟速度进度调整进给速度，指针到数字 8 为最快。

图 4-3-11　G01、G00 倍率调节

4．模拟结果

通过前面的机床相关操作，多轴机床根据 NC 代码进行模拟加工，加工过程中无报警、过切现象，仿真结果如图 4-3-12 所示。

图 4-3-12　仿真结果

4.3.4　零件检测

1．进入测量模式

单击菜单栏 🔲 图标，进入 3D 工件测量模式，此状态将把加工剩余残料抓取到测量软件中，如图 4-3-13 所示。

2．测量特征

通过软件中"平移""旋转""缩放"等功能调整视图到合适的位置。在右侧测量窗口中，"测量类型"选择"距离"，在"选择特征"中取消其他已选择的抓取特征模式，选择"单点抓取"。抓取叶轮叶片上的两点，得到叶轮壁厚。在窗口的左下角输入壁厚的理论值及上下公差。

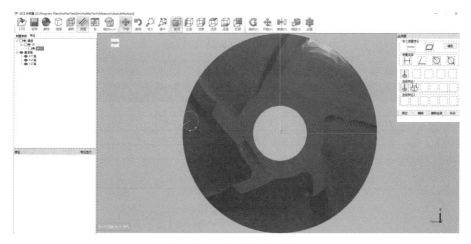

图 4-3-13　3D 工件测量模式

3. 多特征报告生成

如图 4-3-14 所示，先在测量窗口中选择需要测量的类型(例如平面距离或孔直径)，然后在模型中选择需要特征，为保持准确性，只选取与该类型对应的单一特征即可。我们分别选择凸台的两个加工面特征计算两个平面距离，选择类型孔的直径，连续抓取孔特征。在左侧的窗口"测量参数"中，右键单击特征可以对测量特征进行删除、隐藏操作。将所需测量特征抓取完毕后，单击菜单栏中的 图标输出 Excel 报告，如图 4-3-15 所示。

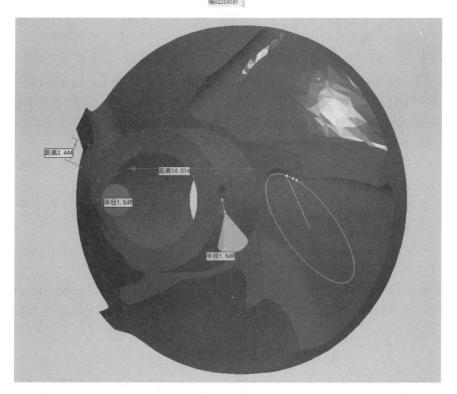

图 4-3-14　测量视图

HuiMaiTechSim测量数据

日期	2022-08-11 17:26:34		零件名称	Oll			
序号	类型	测量值	超差值	标准值	上公差	下公差	评分
1	距离	2.444	0.225	2.47	0.2	0.2	
2	距离	14.014	0.185	14	0.2	0.2	
3	半径	1.549	0.200	1.55	0.2	0.2	
4	半径	1.549	0.200	1.55	0.2	0.2	

图 4-3-15　测量报告

项 目 总 结

叶轮是动力机械的关键部件，广泛应用于船舶机械、石油化工、能源动力以及航空航天等领域，其加工技术是现代制造业中的一个重点课题。传统叶轮采用分段式加工，即轮毂和叶片分别用不同的毛坯进行加工，加工完成后将叶片焊接在轮毂上。这种工艺既费时费力，又难以保证叶轮的机械性能。在采用整体式加工方法时，由于叶片是由非可展直纹面和自由曲面构成的，形面复杂，为了提高整体叶轮的加工质量和工效，满足产品生产工艺要求，广泛应用五轴数控机床及 CAD/CAM 技术。利用多轴数控机床进行叶轮加工，既可以保证刀具的球头部分准确切削工件，又可以利用其转动轴，使刀具的刀体或刀杆避让开工件的其他部分，避免发生干涉或过切。

整体叶轮具有结构复杂、种类繁多、对发动机性能影响大、设计研制周期长、制造工作量大等特点。加工整体叶轮时，刀具轨迹规划的约束条件比较多，相邻叶片空间较小，加工时极易产生碰撞干涉，自动生成无干涉刀位轨迹较困难。对于叶轮的五坐标加工设计，国外一般采用专用软件进行整体叶轮的五坐标加工设计。本项目采用的是 AUTODESK 公司的 PowerMill 软件进行工艺参数设计和自动编程。

本项目叶轮加工的技术难点在于需要对整体叶轮的流道、叶片和圆角等主要曲面进行加工，加工流道时需要去除大量余料。这些加工难点具体如下：

(1) 流道窄，叶片又薄又长，属于薄壁类零件，刚度低，加工过程中极易变形，要合理选择刀具和切削用量。

(2) 流道最窄处的叶片深度大于刀具直径的 2 倍，相邻叶片空间狭窄，在清角加工时刀具直径小，易折断，控制切削深度是关键。

(3) 叶片为自由曲面，扭曲严重，并有明显的后仰趋势，加工时极易产生干涉，加工难度大。为了避免干涉，有的曲面需要分段加工，因此很难保证加工表面的一致性。

思政小课堂

99A 主战坦克是我国第一台信息化坦克，具备火力猛、机动力好、防护性强、信息化程度高等鲜明特点，也是我军陆战体系的拳头装备。中国的 99A 式主战坦克是世界上主战坦克的代表，"不飞则已，一飞冲天。不鸣则已，一鸣惊人！"其朴实无华的外表下，潜藏着一颗无所畏惧的心。一代代兵工工作者们在环境艰苦简陋且技术条件相对落后的情况下，孜孜不倦、无私奉献、攻坚克难、勇于攀登，创造出兵工生产的奇迹，为国家和人民保驾护航。

党的二十大报告提出，要实现建军一百年奋斗目标，开创国防和军队现代化新局面。如期实现建军一百年奋斗目标，加快把人民军队建成世界一流军队，是全面建设社会主义现代化国家的战略要求。必须贯彻新时代党的强军思想，贯彻新时代军事战略方针，坚持党对人民军队的绝对领导，坚持政治建军、改革强军、科技强军、人才强军、依法治军，坚持边斗争、边备战、边建设，坚持机械化信息化智能化融合发展，加快军事理论现代化、军队组织形态现代化、军事人员现代化、武器装备现代化，提高捍卫国家主权、安全、发展利益战略能力，有效履行新时代人民军队使命任务。

正是这样一支敢打硬仗、勇于奉献的科研队伍，为我国国防现代化提供了有力保障。中国武装力量的发展，是为了锻造一把和平之剑，更好地维护中国的安全环境，维护世界和平与发展。

中国 99A 主战坦克

课 后 习 题

一、思考题

1. 在 PowerMill 软件中对叶轮的各个加工要素是怎样定义的？
2. 用 PowerMill 软件进行编程时的注意事项有哪些？
3. 简述在 PowerMill 软件中创建"轮毂精加工"刀具路径的过程。
4. 简述在 PowerMill 软件中创建"叶片精加工"刀具路径的过程。
5. 简述在 PowerMill 软件中创建"叶盘区域清除"刀具路径的过程。

二、看图填空

1. 叶轮的几何构成元素：

① _____ ；

②_____；
③_____；
④_____；
⑤_____；

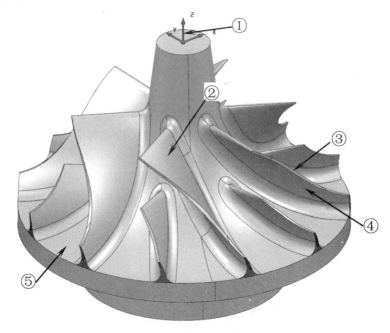

2. 叶轮编程需要的几何特征：

①_____；
②_____；
③_____；
④_____；
⑤_____；

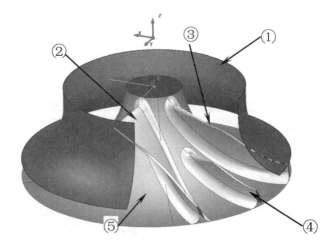

参 考 文 献

[1] 贺琼义. 五轴加工中心操作与编程：基础篇[M]. 北京：中国劳动社会保障出版社，2017.
[2] 贺琼义. 五轴加工中心操作与编程：应用篇[M]. 北京：中国劳动社会保障出版社，2017.
[3] 宋力春. 五轴数控加工技术实例解析[M]. 北京机械工业出版社，2018.
[4] 昝华，杨轶峰. 五轴数控系统加工编程与操作维护(基础篇)[M]. 北京：机械工业出版
      社，2018.
[5] 陆启建，褚辉生. 高速切削与五轴联动加工技术[M]. 北京：机械工业出版社，2018.
[6] 贺琼义，杨轶峰. 五轴数控系统加工编程与操作[M]. 北京：机械工业出版社，2019.
[7] 褚辉生. PowerMill 五轴编程实例教程[M]. 北京：机械工业出版社，2021.
[8] 朱克忆. PowerMill 数控加工自动编程经典实例[M]. 3 版. 北京：机械工业出版社，2021.
[9] 朱克忆. PowerMill 多轴数控加工编程实用教程[M]. 3 版. 北京：机械工业出版社，2019.
[10] 寇文化. PowerMill 数控铣多轴加工工艺与编程[M]. 北京：化学工业出版社，2019.